中学生素质教育读本

给你正能量

GEI NI ZHENG NENGLIANG

林山　主编

北方妇女儿童出版社

图书在版编目（CIP）数据

给你正能量 / 林山主编 . -- 长春：北方妇女儿童
出版社，2018.5
（中学生素质教育读本）
ISBN 978-7-5585-0672-7

Ⅰ．①给… Ⅱ．①林… Ⅲ．①成功心理－青少年读物
Ⅳ．① B848.4-49

中国版本图书馆 CIP 数据核字（2016）第 306023 号

出 版 人	刘　刚	
策　　划	师晓晖	
责任编辑	熊晓君	
封面设计	五车科技	
开　　本	787mm×1092mm　1/16	
印　　张	14.5	
字　　数	230 千字	
印　　刷	永清县晔盛亚胶印有限公司	
版　　次	2018 年 5 月第 1 版	
印　　次	2018 年 5 月第 1 次印刷	

出　　版	北方妇女儿童出版社
发　　行	北方妇女儿童出版社
地　　址	长春市人民大街 4646 号
	邮　编：130021
电　　话	编 辑 部：0431-86037970
	发 行 科：0431-85640624

定　　价　29.00 元

目　录

第一章　拥有一身正能量

一、心态成就一切 ···············1

二、点燃希望之火 ···············3

三、信自己，便是信世界 ·········5

四、消除内心的自卑 ·············7

五、放弃自己就是放弃一切 ·······10

六、失意时懂得心宽 ·············12

七、面对不幸，内心坦然 ·········14

八、找到自己的生活方式 ·········17

九、学会为自己颁奖 ·············18

十、爱自己才会爱别人 ···········20

十一、挣脱心灵的枷锁 ···········22

十二、真正勇敢的人 ·············24

十三、如何与富人打交道 ·········26

第二章 生命中的完美与残缺

一、追求"完美"要不得 ·········28

二、龙涎香：由痛苦孕育而成 ·····31

三、接受真实的自己 ·············32

四、塑造一个最好的"我" ·······33

五、身体残疾不是缺陷 ···········35

1

六、化解心中的嫉妒 · · · · · · · · · · · 37

七、与虚荣心做斗争 · · · · · · · · · · 39

八、内疚不完全是坏事 · · · · · · · · · 41

九、心存怨恨的人不快乐 · · · · · · · · 42

十、消除病态的恐惧 · · · · · · · · · · 44

十一、看到自己的长处 · · · · · · · · · · 46

十二、善于发现生活中的美 · · · · · · · · 48

第三章 跨越过人生的痛苦

一、埋葬昨天才能换来明天 · · · · · · · 52

二、一失足未必成千古恨 · · · · · · · · 54

三、最糟，不过从头再来 · · · · · · · · 57

四、生命因顽强而美丽 · · · · · · · · · 59

五、命运，让你变得刀枪不入 · · · · · · 61

六、在逆境中微笑 · · · · · · · · · · · 62

七、压力，是需要缓解的 · · · · · · · · 65

八、适度地释放怒气 · · · · · · · · · · 67

九、学会宣泄压抑 · · · · · · · · · · · 69

十、不要害怕贫穷 · · · · · · · · · · · 72

十一、没有克服不了的问题 · · · · · · · 73

第四章 人生因拼搏而精彩

一、人生需要冒险精神 · · · · · · · · · 77

二、恢复原本的"狼性" · · · · · · · · · 78

三、坚持唱完自己的歌 · · · · · · · · · 80

四、信念是一面旗帜 ···········81

五、把本职做到 101 分 ·······82

六、成功，是一个积累的过程 ·······84

七、在必要之时向他人求助 ·······85

八、忘记背景，忽略险恶 ·······87

九、在危险面前冷静、沉着 ·······89

十、天才来自勤奋 ···········90

十一、面对问题，不可掩耳盗铃 ·······91

十二、磨刀不误砍柴工 ·······93

第五章　鱼与熊掌的取舍智慧

一、有德才有得 ···········96

二、当断不断，反受其乱 ·······98

三、面对诱惑，学会拒绝 ·······99

四、人生中漂亮的回旋 ·······102

五、手握选择的权利 ·······103

六、分清利益的轻与重 ·······105

七、抓得太紧，失去得更多 ·······107

第六章　退：另一种前进之道

一、将欲取之，必先予之 ·······109

二、退一步，海阔天空 ·······110

三、停下来，才能赢取明天 ·······113

四、放低姿态，以退为进 ·······115

五、知难而退，独辟蹊径 ·······116

六、以逸待劳，迎来转机 ·················· 118

七、变通：为了最后的执着 ·················· 119

八、孝庄太后的隐忍 ·················· 121

九、今天放弃，明天成功 ·················· 123

十、退一步看你的生活 ·················· 125

十一、欲速则不达 ·················· 126

十二、做人不可锋芒毕露 ·················· 128

十三、夫妻之间懂得退让 ·················· 129

第七章　淡泊宁静，享受生活

一、转个弯，生活依然美好 ·················· 131

二、改变思维，生活依然美好 ·················· 132

三、远离欲望之火 ·················· 134

四、看淡财富，幸福就在身边 ·················· 136

五、月有圆缺，人有得失 ·················· 138

六、自己管好自己 ·················· 141

七、拥有一颗真正的平常心 ·················· 142

八、寂寞是一种清福 ·················· 144

九、保持一颗年轻的心 ·················· 146

十、你的心态需要平衡 ·················· 148

十一、兴趣，生活的调味剂 ·················· 151

十二、保持一颗善良的心 ·················· 153

十三、幸福是一种感觉 ·················· 155

第八章　放下一切，潇洒一生

一、放弃该放弃的 · · · · · · · · · · · · · · · · 157

二、放弃多余的东西 · · · · · · · · · · · · · · · 158

三、抛开烦恼，自在生活 · · · · · · · · · · · 160

四、不要背着别人的眼光上阵 · · · · · · · · 162

五、顺其自然也是一种办法 · · · · · · · · · 164

六、不要苛求绝对的公平 · · · · · · · · · · · 166

七、心胸放宽，走自己的路 · · · · · · · · · 168

八、放下面子，知错能改 · · · · · · · · · · · 169

九、给心情放个假 · · · · · · · · · · · · · · · · 170

十、为小事生气，不值得 · · · · · · · · · · · 172

十一、放弃无所谓的执着 · · · · · · · · · · · 175

第九章　对待别人，慷慨而大度

一、心胸开阔，天地自然宽 · · · · · · · · · 178

二、让他三尺又何妨 · · · · · · · · · · · · · · · 180

三、独乐乐不如众乐乐 · · · · · · · · · · · · · 181

四、不做吝啬的铁公鸡 · · · · · · · · · · · · · 183

五、摈弃猜疑，迎来友谊 · · · · · · · · · · · 185

六、为人不可太刻薄 · · · · · · · · · · · · · · · 188

七、不要伤害对方的自尊 · · · · · · · · · · · 189

八、以别人的利益为先 · · · · · · · · · · · · · 190

九、好汉要吃眼前亏 · · · · · · · · · · · · · · · 192

十、宽容并不是软弱 · · · · · · · · · · · · · · · 194

十一、对待别人，心存感激 · · · · · · · · · 196

第十章　人间自有真情在

一、用真心换得真心 · · · · · · · · · · · · · · · · · · 200

二、有一种爱，叫作放手 · · · · · · · · · · · · · 203

三、放下旧观念换得真爱 · · · · · · · · · · · 205

四、算计别人就是算计自己 · · · · · · · · · · · 209

五、塑造博爱的个性 · · · · · · · · · · · · · · · · 211

六、用真诚打动别人 · · · · · · · · · · · · · · · · 215

七、亲情的力量 · 217

八、时刻敞开友谊之门 · · · · · · · · · · · · · 218

九、两颗心需要磨合 · · · · · · · · · · · · · · · · 219

十、父母不可随便缺席 · · · · · · · · · · · · · 221

给你正能量

第一章　拥有一身正能量

一、心态成就一切

习惯抱怨工作的人，不容易获得真正的成功。其实，要看一个人工作得好坏，只看他工作时的精神和态度就可基本清楚。如果某人总感到所做的工作困难重重，劳碌辛苦，没有任何趣味，那么他绝不会做出伟大的成就。

一个人对待工作的态度，和他本人的性情、能力，有着密切的关系。一个人所做的工作，就是他人生的部分表现。而一生的职业，就是他志向的表示、理想的所在。所以，了解一个人的工作，在一定程度上就是了解那个人。

如果一个人轻视自己的工作，做得很粗陋，那么他不会尊重自己。如果一个人认为他的工作辛苦、烦闷，那么他的工作绝不会做好，这一工作也无法发挥他的特长。在社会上，有许多人不重视自己的工作，不把自己的工作看成创造事业的要素，发展人格的工具，而视为衣食住行的供给者，认为工作是生活的代价，是不可避免的劳碌，这是一种错误的观念。

人就是在克服困难的过程中，产生了勇气、坚毅和高尚的品格。常常抱怨工作的人，终其一生，也不会成功。抱怨和推诿，其实是懦弱的自白。

在任何情形下，都不允许你对自己的工作表示厌恶，厌恶自己的工作，是最坏的事情。如果你为环境所迫，做着一些乏味的工作，你也应当设法从这乏味的工作中，找出乐趣来。要懂得，凡是应当作而又必须做的事情，总要找出事情的

1

乐趣，这是我们对于工作应抱的态度。有了这种态度，无论做什么工作，都能有很好的成效。

如果一个人鄙视、厌恶自己的工作，那么他必遭失败。引导成功者的磁石，不是对工作的鄙视与厌恶，而是真挚、乐观的态度和百折不挠的精神。

不管你的工作是多么微不足道，你都应当付之以艺术家的精神，都当有十二分的热忱。这样，你就可以从平庸卑微的境况中解脱出来，不再有劳碌辛苦的感觉，你就能使你的工作有了乐趣，厌恶的感觉也自然会烟消云散。

一个人工作时，如果能以火一般的热忱，充分发挥自己的特长，那么不论所做的工作怎样，都不会觉得工作辛苦。如果我们能以满腔热情去做最平凡的工作，也能成为最精明的工人；如果以冷淡的态度去做最高尚的工作，也不过是个平庸的工匠。所以，在各行各业都有发展才能、提升职位的机会。在整个社会中，实在没有哪一个工作是可以藐视的。

一个人的形象，就是他亲手制成的雕像，是美丽还是丑恶，可爱还是可憎，都是由他一手造成的。而人的一举一动，无论是写一封信，说一句话，或是形成一个思想，都在说明雕像的美或丑，可爱或可憎。

不论做何事，务须竭尽全力，这种精神的有无可以决定一个人日后事业的成败。如果一个人领悟了通过全力工作来免除工作中的辛劳的秘诀，那么他也就拥有了成功的钥匙。倘若能处处以主动、努力的精神来工作，那么即便在最平庸的职业中，也能增加他的权威和财富。

不要使生活太呆板，做事也不要太机械，要把生活艺术化，这样，在工作上自然会感到有兴趣，会尽力去工作。

任何人都应该抱有这样一种心态：做一件事，不论遇到什么困难，也要做到尽善尽美的地步。在工作中，要表现自己的特长，发展自己的潜能，不能因为工作的不重要而自我藐视。

二、点燃希望之火

　　人的一生当中总是会遇到一些坎坷，面对着人生中的大小困难，如果对自己过分苛刻，那么你只能生活在灰暗、阴沉的天空下。没有希望，犹如在黑暗的大海上没有灯塔，很容易迷失方向，一次失败并不代表永远的失败，只有不断地给自己希望，才能够从失败的阴影中真正地站起来，才能走向成功。

　　美国作家怀特曾说："在生命之中，失败、内疚与悲哀在有些时候会把我们引向绝望，但不必退缩，我们可以爬起来，重新选择新的生活。"失败不是人生的滑铁卢，你在这里失败了，还可以在其他地方取得成功，但你首先必须要有爬起来的勇气。不断地给自己生活的希望，其实质上就是给自己成功的机会。对于一次失败，根本不能够给自己判死刑，从而否定自身存在的价值。

　　在逆境之中，给自己希望，才能够有效地激起追求成功的勇气，从而支撑着自己坚持下去；在绝境中，给自己希望，才能发挥一切求生的本能，不坐以待毙。屈原被放逐乃赋《离骚》，司马迁受宫刑而作《史记》，他们如果不给自己希望，在死神一般的失败面前毫不退却，那么中国岂不少了一段千古绝唱，一部史书著作吗？

　　单凭一个简单的希望，不采取任何实际行动是绝对不行的，然而如果没有希望如行尸走肉般却也是万万不可取的，没有希望也就犹如生活没有阳光，你就只能够生活在黑暗的阴影之中，先哲曾经说：假如你遇到挫折，别后退，只要迎着阳光走下去，前面总是光明……

　　有一位诗人说过："人可以没有草原，但不能没有骏马；可以没有骏马，但不能没有希望！"人虽然不一定能让自己过得幸福，但一定要让自己心怀希望：有想写的冲动时，投一篇文章给报社杂志；有想唱的欲望时，到卡拉OK给自己开个演唱会；有想画一幅画的激情的时候，那么就画一幅画送给美术馆……

　　如果能够自己为自己制造希望，那么你自然就会发现生活原本是非常美丽的！朋友们，如果你失败了，别灰心，给自己希望，也就等于给了自己另一个成功的机会。

一个女孩独自来南国求生，在她求生过程中自己伤痕累累，当她站在一座几十层高的大楼上准备告别这个世界的时候，突然看到东方喷薄而出的朝阳。在决定生死的刹那间，她发现不管是成功者还是失败者，都沐浴着同一个太阳的光芒。或许，再坚持一下，她也会有成功的希望。因此，她乘着生命的航船，又一次回到了青春的起跑线上。

希望，是一种力量，是希望挽救了这个濒临绝望的女孩。希望也是一次生命之中的升华，是一个飞跃，是一架阶梯。

人生之路是由失望与希望所串联起来的一条七彩项链，由此生命才变得多姿多彩。在生活中，难免会为陷入困境而感到失望。在失望时萌生希望，就能驱散心中的阴霾，让人从阴影中走出来，因而步入一个崭新的天地，拥抱到湛蓝的天空。失望会让人感到无比的压抑、痛苦、备受折磨，而希望却让人振奋、欣喜、跃跃欲试。

失望的人们会因为有希望的存在而不再绝望，而希望之后的失望也会让人萌生新的希望，失望与希望是形影相随的一对双胞胎。愚昧的人站在高山下只会感伤和叹息，而对于那些明智的人则会从山下努力地向山顶上面攀登，从而看到另一片新天地。

在很多时候，对于年轻人通常的败不是败在失望上面，而是败在不会在失望中寻找希望；很多时候，我们只是一味地要求别人对自己应该怎样，而不懂得在自己身上寻找希望。而实际上，人生的道路本身就是由希望和失望堆砌而成的，希望连着失望，而失望也紧挨着希望。

有的人说，人生就像一盘棋，而输赢的关键也就只差那么几步。正所谓"一着不慎，全盘皆输"，而决定我们人生输赢的关键一点就是希望或失望。

希望的本质就是一种金属，它之所以如此的宝贵，那是因为它必须在失望当中经过千锤百炼才能够提取。因此我们对于失望并不可怕，可怕的是不会在失望里提炼希望。

三、信自己，便是信世界

约翰和琼斯相约去得克萨斯州的一个小镇度假。由于时间约错了，两人一前一后来到了这个风景如画的小镇。

一路上，约翰被周围的景色迷住了。进入小镇之前，他在一个加油站停下来加油，在加油的过程中，他跟加油站里的工作人员聊了起来。

"这里的风景真美啊！"

"的确如此，如果你进了小镇，会发现那里的景色更美。"加油站的人说道。

"小镇的人怎样？"约翰随口问到。

"那你们那里的人呢？"对方没有直接回答，而是反问道。

"咳！别提了。我们那里的人脾气古怪得很，而且还很小气。"

"这样啊，那恐怕你会失望了。"那人说道，"这里的人差不多。"

约翰听后，沮丧地开着车向小镇驶去。

一个小时后，琼斯也来到了这个加油站，也跟工作人员聊了起来。当他问到和约翰相同的问题时，那人依然没有回答，反问琼斯："嘿，伙计，你们那里的人怎样？"

"他们真是太棒了，心地纯朴，而且十分和蔼友善。"琼斯说道。

"你真是太幸运了，我们这里的人也是这样。"

琼斯听后，高高兴兴地向小镇驶去。

两周后，琼斯度过了一个美妙的假期，而约翰却度过了一个毫无乐趣可言的糟糕假期。

我们甚至可以说，不仅仅是在自己的家乡或者这个无名的小镇，无论约翰走到哪里，他的人生都不会像琼斯那样成功、那样快乐。因为他对于周围的人都缺乏信心，既然缺乏信心，他又怎么会用积极的态度去面对他们？相应的，他所获得的回报，当然也就少得可怜了。

有些人的生活似乎顺利无比：从小父母疼爱，朋友支持。长大后工作顺心，上

中学生素质教育读本

司、属下都很配合，不时还有贵人的鼎力相助。而有的人，却似乎在无尽的伤痛中度过一生：年幼时，父亲不疼母亲不爱；长大后，工作上障碍重重，机会也往往与他失之交臂。看起来，命运对每个人都是不公平的。

事实却并非如此。

看起来顺利的人，背地里肯定也有不少鲜为人知的困苦和挫折。即便是比尔·盖茨或者山姆·沃尔顿，也有艰苦时刻。而对于那些默默无闻的市井小民，人生也从来不缺乏快乐的因素。命运是公平的，当你向窗外望去，看到的是满天繁星还是滚滚黄沙，取决于自己的视线方向，而不是周围环境。正如一位哲人所说："我们怎样去看待这个世界，这个世界就会给我们怎样的回答。"

冬日里的某一天，天气出奇的好，特别晴朗，阳光明媚。年幼的兄弟俩看到太阳只照到了阳台却照不进屋子里，很失落。突然，哥哥想到，如果我们用扫帚和簸箕把阳光扫进屋里，不就行了吗！

兄弟俩兴奋不已，立刻找来扫帚，不停地在洒满太阳光的阳台上扫来扫去。

阳光自然是无法被扫帚扫进屋的。年幼的孩子忙碌了大半天，把阳台打扫得干干净净，却没扫进半点儿阳光。

母亲看到了，好奇地问道："你们在干吗？是在帮我打扫卫生吗？"

"妈妈，我们是想把阳光扫进屋子里。"弟弟回答道。

"这还不简单！"妈妈呵呵一笑，伸手将窗户上的窗帘拉开，暖暖的阳光便洒进了屋子。

渴望世界的支持和信任，是人之常情。他们就像阳光一样，经常出现在我们的生活当中。然而，如果我们不拉开窗帘，不给自己一个机会，信任的光芒便无法照进我们的内心。

科学已经证实，人具有无穷大的潜力。在身后有恶狗追逐的情况下，我们的奔跑速度说不定能够超越职业长跑选手。然而，我们的潜力只会被潜意识操纵，在真正需要的时候才能发挥出来。倘若连我们自己都不相信这份潜力，不相信自己能够克服困难，获得成功，潜力如何能充分展露？

有位白手起家的富翁说："想成为真正富有的人，只需要两个条件。第一是爱钱，疯狂地热爱金钱。第二就是有信念，坚信自己可以赚到很多钱，从来不怀疑自己。"

最了解自己的，只有我们自己。如果连自己都无法信任自己，我们自然不能指望别人可以对自己充满信心。

机会总是留给对自己、对生活有信心的人。如果你是老板，你当然不会对一个做什么事情都畏首畏尾、毫无信心的人委以重任。他连做一般的工作都不自信，当然无法胜任更加重要的任务。然而反过来站在这位员工的立场来说，或许他有实力完成这项任务，只是他不知道，以为自己完成不了。于是，独当一面的机会永远不能落在他身上，而他的这份才华，便被逐渐埋没了。或许同样的任务，老板安排的人并不见得比前者完成得更加出色，可至少后者对自己有信心，相信自己能够完成。他们觉得，即便遇到棘手的问题，有同事可以请教，有资料能够翻阅。既然如此，还有什么好害怕的？尽管结果也许不甚完美，但他们总算完成了上司的嘱托，兑现了自己的信念，也获得了别人的信任。于是，下一次有更重要的任务，依旧会落在信心十足的他的肩膀上。而在这一次次的锻炼下，他距离成功的顶峰会越来越近。

相信自己，给自己一个信念，绝不仅仅是自我欺骗和麻痹。它是一种自我对话，这种对话的力量，能传达到自己的全身以及身边的每一个人那里。全世界都相信的人，必定是对自己和世界坚信不已的人。

四、消除内心的自卑

自负的人常常遭遇失败的打击。作为帮助他们意识到自己不是完美的手段来说，失败并不算坏事。可遗憾的是，不少自负者由于太少经历失败，一旦陷入无法克服的问题之中，便会手忙脚乱，信心也会受到严重挫折，甚至从一个极端滑入另一个极端。于是，一个比自负还严重的问题——自卑便产生了。

自卑其实存在于每个人的心底，差别只是程度的不同。

适当的自卑不见得是坏事，它可以让我们看到别人的特长和自我的缺陷，于是感到些许不悦甚至不服。从某种角度来说，这种情绪，恰恰是动力的源泉。些许的自卑，或许就像掩盖住我们成长的那片阴影。为了摆脱它，我们不得不更加努力地成长，争取超越制造出这片阴影的同伴。

可是并非每个人都能够恰如其分地掌握自卑的分寸。自卑得过了头，那段差距就会被无限扩大，当大到不能弥补的阶段时，自卑者便会自暴自弃。

自卑者和自负者不同的是，后者虽然有时会因为过分的以自我为中心而伤害到别人，但他们不会吝惜自己的才能。一旦有机会，就会付出全部努力去做好一件事情。因为只有这样，才能让别人刮目相看，才能增强自己的信心。而当某些人的自卑情绪达到了一定程度，眼中看到的便只有自己的缺陷、弱点，便觉得自己什么事情都无法做成。既然心里这样想，做事的时候当然不会尽全力。反正都要失败，再怎么努力也是白费。抱着这样的想法，自卑者大脑中的那份闪烁着宝石般光芒的才华便会被埋没在无尽的黑暗之中。

自卑产生的原因可能有很多，可无论起因怎样，却总是要通过外界的歧视与指责这个渠道才会出现。

有一个女孩，天生头发稀黄。这对年幼的她来说，并不会构成自卑的原因。然而随着年龄的增长，当大人们的眼光和同伴们的指指点点让她意识到自己的与众不同时，自卑的心情就自然而然地逐渐在女孩的心中蔓延了。这种情绪的影响，或许会影响她的一生，让她到老都在无尽的自卑中度过。

人是社会动物，热衷于群体生活。在群体中，任何过分突出的行为都会导致群体内部的观念或联系方式发生变化，而这种变化，对于从内心趋于稳定生活的人来说，是不愿看到的。于是，从很久以前开始，一旦有人的行为或言论过分突出，便会被当作"异己"加以排挤和打击。

8

14世纪之前的欧洲，宗教所宣扬的"地球中心论"占据了人们的主导意识。然而航海技术和天文学的发展却令不少学者对地球就是宇宙的中心这一观点产生了质疑。于是，少数学者提出了自己的"地圆说"观点。意大利天文学家采科·达斯科里、波兰天文学家哥白尼便是其中的代表。

他们提出的不同观点，使宗教势力恐慌惧怕。质疑、嘲弄、威胁纷纷而来。采科·达斯科里更是被当作"异教徒"被活活烧死。不过，这些学者却没有因为被质疑、嘲笑与残害便放弃坚持，最终用有力的数据驳斥了过去的错误观点。

有句话叫作"真理往往掌握在少数人的手中"。不被大多数人认同的事情，并不见得就是错误的。个头矮小的人，常常会受到周围人的歧视与欺负。但是他们之中，却有人成为优秀的杂技艺术家，有的人成为著名笑星，当然，和常人一样，有的人默默无闻，一事无成。

差别产生的原因，当然是他们对自己的态度。因为别人的嘲笑就变得自卑的人，一定无法得到生活的馈赠。因为他们连相信自己的勇气都没有，还有什么资格享受美好的人生。

每个人都是独一无二的，因为我们都有自己独特的闪光点。有些人天生就跟别人不同，这并不是什么自卑的事情。恰恰相反，这一点特殊正是最宝贵的。因为这便是我们的闪光点，说不定就是你的特长和兴趣所在。它就像暴露在地表的金子或钻石，无须挖掘就已经出现。这是生活的恩赐，是自然给我们的提示。或许这一点暂时无法被周围的人承认，但我们生活的时代毕竟是宽容的，若我们大胆地把自己的不同展现出来，谁敢保证它不会成为新观念的引导者呢？正如中性装扮的风潮，最初不也是被人鄙视唾弃吗？然而，正是因为有人不把自己的中性装束当作弱点而自卑，反而大大方方地秀出来，才引发了这些年的中性装的风潮。

诗仙李白曾说过"天生我才必有用"。哲学家也承认"存在皆有道理"。既然生活给了我们与众不同之处，何不坦然接受，毕竟这是你独有的魅力，是别人学不来的。对于这份"特殊"，我们依旧应该自豪。相比于那种放在人堆里都找不出来的人，有特殊之处的人，是幸运的。

即便你发现自己身上的不同之处仿佛真的一无是处也完全没有必要自卑。现在的一无是处，并不代表以后。说不定这份不同，会在你最需要的时候发挥作用，成

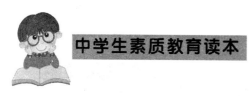

为助你飞翔的一对翅膀。但前提是你必须坚信自己有比别人强的地方。

因为，无论身处何种环境，你永远是独一无二的。

五、放弃自己就是放弃一切

别人放弃，自己还是坚持；他人后退，自己还是向前；眼前没光明、希望，自己还是努力奋斗。这种精神，是一切科学家、发明家及其他有大成就的人物成功之原因。

——马尔腾

每个人都有可能走到生命的谷底，那种被贫穷、自卑、无望折磨的、黑暗的、见不到光明的日子，像虫子一样啃咬着我们的心。人无论处于多么痛苦不堪的境地，灵魂都要保持清醒。人性与兽性的界限，原本就在一念之间。有人说："人往往不是被打败的，而是自己放弃了自己。"没有人愿意过那些低贱、卑微的生活，关键是面对逆境如何成功地扭转自己的人生。除了勇气、智慧和信心外，持之以恒的努力才是接近目标的动力。不管做什么，只要放弃了，就再没有成功的机会。不放弃就会拥有成功的希望。

在我们的一生中总有很多东西需要我们去珍惜，也有太多的人需要我们去感激，更有许多的不幸与苦难要让我们去经历和体验，同样也有很多东西要我们放弃，有时是放弃了选择，有时是放弃了昨天，有时是放弃了追求，有时是放弃了……放弃，也许是一种解脱，也许意味着失去，或许意味着无奈，或许……其实无论怎样，在面对困难时，千万不要放弃自己，也许再坚持一秒钟就是胜利了。

丘吉尔在剑桥大学演讲时说得很好："我的成功秘诀有三个：第一，决不放弃；第二，决不，决不放弃；第三，决不，决不，决不放弃。"是的，人无论在什么时候都不要放弃自己，全世界都可以放弃你，但是你不可以放弃你自己！因为在你放弃自己的同时，你也就放弃了一切。

给你正能量

有时，人也会放弃自己。在失败时，在人生的低谷处，动辄拿出"死猪不怕开水烫"的无赖嘴脸出来，肆无忌惮、我行我素，最终的结果只能是在失去所有朋友后，连自己也失去，这种失去是不可挽回的。在人前失去尊严，失去在别人心目中的美好形象，都可以弥补，而从心里失去对自己的信心，把自己的人性忽略掉，那么这个人已是名存实亡了——好比一座房子，顶梁柱倒了，房子也必然轰然倒塌。

人生本就有许多的挫折和不能够，但必须靠我们自己才能改变命运，只有永不放弃才能够真的拥有成功！漂泊的人生因为有梦想而精彩，因为有奋斗而伟大，能为自己撑一片晴空的只有自己，能让自己坚强的也只有自己。有些人可能走到了人生的低谷，但是不能自甘堕落。即使是整个世界都把你看死了，你也要用实际行动证明自己生而为人的尊贵。很多人，原来在生活的最底层，为了一个远大的理想，付出了几十倍，甚至几百倍的努力。这些人都能在困境中崛起，更何况只是暂时走到人生低处的人呢。

曾经有这样一个故事，说的是一个职业摔跤高手，从辉煌走向困境，又从失败走向成功的故事。

这个摔跤高手在一次比赛中失败了，而在接下来的几年里他再没成功过，他的生活也陷入了困境。在这几年当中，他的生活发生了翻天覆地的变化，家人、朋友远离了他，身边的人也对他讽刺和嘲笑，这给了他很大的打击，他的心情糟糕透了。

在一次大型的比赛中，他的对手是一个当前很出名的选手，而这名选手也正是在自己人生走到低谷时把自己的妻子带走的人，而此时在赛场的外围坐着的自己的前妻却大喊着要打败自己，看到前妻这样的举动，他的心被刺痛了。比赛开始了，他看到了裁判对对方的袒护，也听到观众的嘲骂。他暗中对自己说："我不能倒下，我要坚持！"

比赛结束了，他成功了，这结果令观众和他的前妻和敌人都感到震惊。他的胜利没有掌声，没有鲜花，因为不在人们的预料之中。然而，还是有一个记者来到了他的身旁，让他面对观众讲几句话。他说："是你们蔑视我的态度，使我变得坚毅。我告诫我自己："不要输，只许赢！你要坚持，你不要倒下，你们放弃了我，但是

11

我自己不能放弃我自己。"是的，如果自己不给自己加油，那你就不会再有勇气走以后的路，也就意味着彻底失败。

不要放弃自己。这个世界上，有很多门，没有哪一扇是无法开启的，只看你有心无心。很多时候，把路走死的是自己；很多时候，真正打败自己的不是别人，而是我们自己；很多时候，不是别人让我们失望，而是我们自己对自己失望了。所以，一个人无论什么时候都绝对不能自暴自弃，要不然就彻底输了。

六、失意时懂得心宽

生活就是一面镜子，你笑，它也笑；你哭，它也哭。

——萨克雷

当人的愿望得不到满足，做事情达不到目标时，他的内心就会生出失落的心理感受。这种感受就是我们所说的"失意"。你要知道，比海更宽的是天空，比天空更大的是人的心灵。人生的失意在所难免，但心灵的视野没有藩篱，无比宽广，任你驰骋。虽然失意是痛苦的，但它同样也是幸福的。它是生活乐曲中不可缺少的音符，人生没有了失意，生活乐曲就难以抑扬顿挫。

事在人为，把握人生的志向，锤炼一颗高贵的心，衰神本来就不存在，无论何时，只要把心放宽，失败的城墙就会不攻自破。你要知道有一种生活叫作快乐，有一种生活叫作幸福，更有一种生活叫作知足；有一种生命叫作希望，有一种生命叫作激情，更有一种生命叫作诗情画意；有一种生活叫作挫折，有一种生活叫作坎坷，更有一种生活叫作贪心；有一种生命叫作暗淡，有一种生命叫作无聊，更有一种生命叫作失意：这就是人生，苦辣酸甜，五味俱全。但是不管是哪一种生活，都不是一帆风顺的，有得必有失，只有摆正自己的心态，才可以过五关斩六将，找到生命的真谛。

"花开花落花无悔，缘来缘去缘如水。多少旧梦成虚幻，多少新梦化云烟。

雄心已在九霄外，壮志不改天地间。君曾为我送温暖，我今为谁扬风帆？妙笔生辉一万卷，何人灯下读新篇？"面对失意请微笑吧，不要抱怨生活给你太多的波折，不必抱怨工作给你太多的压力。也许生活对你不公，也许命运对你苛求，也许你的真诚没有换回应有的感动，也许你的努力没有收获应有的回馈，可这就是生活，这就是磨砺。大海如果失去巨浪的翻滚，就会失去雄浑；沙漠如果失去飞沙的狂舞，就会失去壮丽；人生如果没有失意的点缀，生命也就失去了魅力。微笑着面对失意，不要自卑，微笑着面对，微笑着接受……你要明白一个道理，失意是选择人生道路的好机会。

有人说失意是一种惆怅，一种无奈，一种伤感，一种忧郁。失意在人生中，从来不是奢侈品，甚至有些人每天都会与它打个照面。求学时，一次考场败北我们说是失意；工作时，事业无成我们说是失意；恋爱时，遭遇拒绝我们说是失意……失意如山洪一样扑向我们。可是反过来想，也许生命中拥有了失意才是完美的，每历经一次，我们便跨过人生的一个坡坎；每经历一次便超越一次自我。失意塑造你的坚强，失意塑造你的自信，失意让你有了阅历和见识，失意让你体会人生百态，失意让你……所以人们说："逆境是人杰的摇篮，磨难是成功的良伴，挫折是英才的乳汁，悲痛是奏凯的琴键。"把失意变成财富并不难，用你宽阔的胸怀和坚强的肩膀，接纳各种失意的光临吧！告诉失意有什么招数尽管使出来，你已经做好了迎接它的准备，不是吗？

人生失意时最忌讳停下脚步、不思进取，处在人生的低谷，悲观、痛苦、怨天尤人都没有用，那样只会让自己越陷越深。身在逆境，我们更应该保持清醒的头脑和理智，全面认识自己的优点和不足。古人说："人生得意须尽欢。"不妨利用这个机会反省一下，重新认识自己。发现自己的弱点与缺点是一种进步，也是一种智慧。

得意时要懂得淡然，失意时要知道坦然。遇事宠辱不惊，只把失意当成上天赐予你的一场人生考验，从失意当中寻求为人处世的知识。让你的眼睛换个方向，让你的心换个角度，用不同的态度来衡量世界，这时失意又算得了什么呢？

智者说："失落是心理失衡，要靠失落的精神现象才能调节；失意是心理倾斜，是失落的情绪化与深刻化；失志则是心理失败，是彻底的颓废，是失落、失意的终极表现。"为人处世能视宠辱如花开花落般平常，就可以不惊；视职位去留如云卷云舒般变幻，就能无意。要克服失落、失意、失志就应该学习宠辱不惊、去留无意、得之不喜、失之不忧的心态。智者的这句话，言语之中对自己的信仰和尊重达到了完全超脱的地步，让人有一种超然物外，宠辱加身心无所动，不为形役的感觉，外界的宠辱都不能触及和伤害他那高傲的灵魂。

我们生活在这个世界就要善于承受失意，善于摆脱失意，这是一种智慧，更是一种能力；坦然是失意后的乐观，是沮丧时的调剂，是平淡中的自信；"天空不留下鸟的痕迹，但我已飞过。"这样的坦然更是一种美的体现。

七、面对不幸，内心坦然

不幸常像幽灵般降临到人间，它能将你摧残得支离破碎，心神俱疲。一场不幸，就能毁掉你的前程和事业。面对不幸该如何释解呢？

格林夫妇带着两个儿子在意大利旅游，不幸遭劫匪袭击。如一场无法醒过来的噩梦，七岁的长子尼古拉死于劫匪的枪下。就在医生证实尼古拉的大脑确实已经死亡的半小时内，孩子的父亲格林立即做出了决定，同意将儿子的器官捐出。四小时后，尼古拉的心脏移植给了一个患先天性心脏畸形的十四岁孩子；一对肾分别使两个患先天性肾功能不全的孩子有了活下去的希望；一个十九岁的濒危少女，获得了尼古拉的肝；尼古拉的眼角膜使两个意大利人重见光明。就连尼古拉的胰腺，也被提取出来，用于治疗糖尿病……尼古拉的脏器分别移植给了亟须救治的六个意大利人。

"我不恨这个国家，不恨意大利人。我只是希望凶手知道他们做了些什么。"格林，这位来自美洲大陆的旅游者说。嘴角的一丝微笑掩不住他内心的悲痛。而他的妻子玛格丽特的庄重、坚定、安详的面容，和他们四岁幼子脸上小大人般的表情，尤令意大利人灵魂震撼！他们失去了自己的亲人，但事件发生后他们所表现出来的自尊与慷慨大度，令全体意大利人深感羞愧。

假如是你遇到了格林夫妇这样的不幸，你该如何呢？是抓住不幸不放，终日萎靡不振呢？还是也能如格林夫妇那样泰然处之呢？事业受挫也是如此，即使是宽怀大度，也会有一个挣扎的过程，这就要看你具不具备这种良好的心理素质了。

当然，我们不是圣人，不是英雄。但我们没有理由不努力向圣人、向英雄靠近一点。倘不是有意回避或者矫饰，就得承认，我们很多时候的沉沦，是因为我们自甘沉沦；我们很多时候远离崇高，是因为我们拒绝崇高。……中华民族异常屈辱的近代历史，使我们时至今日，仍不时地要显出自己"皮袍下的'小'"来。那么，我们要到何时才能摆脱历史投射在身上的阴影？我们必须正视我们曾遭受的不幸和凌辱，坚定起自信，以宽容的心去包容以前的遭遇，以更新的面孔，笑傲世界，中华民族才能得以崛起和复兴，我们这些炎黄子孙才能真正铸造与自己悠久历史和灿烂文化相称的民族之魂。

"人人皆可为尧舜"，这是真理，比如格林夫妇，他们原不过是居住在加利福尼亚伯德加海湾的普通公民，一场横祸，使他们人性中崇高美好的一面，散发出了照耀人寰的光辉，沐浴着这样的光辉，我们有理由对人类的未来充满信心，并且我们也有责任，让自己的生命放出一分光来。哪怕它如流萤般微弱，不能照亮别人，也要照亮自己；不能照得远，也要照亮自己脚下的路。

如果抓住不幸不放，那么痛苦和消沉就会侵害你的灵魂。所以，我们应敞开胸怀，学会释解自身的压力。

每个人在他的一生中对不自觉的暗示比对自觉的暗示更容易做出反应。一个具有积极心态的人面对严重的个人问题时，自我激励语句就会从下意识心理闪现到有意识心理去帮助他。在紧急情况中，特别当死亡的大门即将开启的时候，这一点就显得尤为真实。澳大利亚昆斯兰省图屋姆巴市的拉尔夫·魏卜纳的情况就是这样。

这是午夜一点三十分。在医院的一间小屋里，两位女护士正在拉尔夫身旁守夜。在头天下午四点半时，一个紧急电话打到他的家里，要他的家人赶到医院来。当他们到了拉尔夫的床边时，他已经处于昏迷状态，这是严重心脏病发作的后果。那一家人现在都待在外面的走廊上。每个人都呈现出特殊的样子，有的在担心，有的在祈祷。

在灯光暗淡的病房里，两位女护士焦急地工作着，两人各抓住拉尔夫的一只手腕，力图摸到他脉搏的跳动。因为拉尔夫在整整六小时都未能脱离昏迷状态。医生已经做了他觉得他所能做的一切事情，然后离开了病房，给其他病人看病去了。

拉尔夫不能动弹、不能谈话。然而，他能听到护士们的声音。在昏迷时期的某些时间里，他能相当清楚地思考。他听到一位护士激动地说："他停止呼吸了！你能摸到他脉搏的跳动吗？"

回答是："没有。"

他一再听到如下的问题和回答："现在你能摸到他脉搏的跳动吗？""没有。"

"我很好，"他想，"但我必须告诉他们。无论如何我必须告诉他们。"

同时他对护士们这样近于愚蠢的关切又觉得很有趣。他不断地想："我的身体十分好，并非即将死亡。但是，我怎么能告诉他们这一点呢？"

于是，他想起他所学过的自我激励的语句：如果你相信你能够做这件事，你就能完成它。他试图睁开眼睛，但失败了。他的眼睑不肯听他的命令。事实上，他什么也感觉不到。然而他仍努力地睁开双眼，直到最后他听到这句话："我看见一只眼睛在动，他仍然活着！"

"我并不感觉到害怕，"拉尔夫后来说，"我仍然认为那是多么有趣啊！一位护士不停地向我叫道：'魏卜纳先生，你在那里吗？……'对这个问题我要以闪动我的眼睑来作答，告诉他们我很好，我仍然在世。"

16

这种情况持续了一段相当长的时间，直到拉尔夫通过不断努力睁开了一只眼睛，接着又睁开另一只眼睛。恰好这时候，医生回来了。医生和护士们以精湛的技术、坚强的毅力，使他起死回生了。所以，积极的自我暗示能阻止许多悲剧的发生。面对不幸，我们要从容坦然地生活。

八、找到自己的生活方式

生活是什么？其实，它只是一种姿态。在不经意间自然会成为一种习惯。不要试图强迫自己去改变，强迫自己去适应周围人的生活。还是该怎样就怎样吧，如果你觉得现在的你还是很幸福的。因为一切无须刻意，无须掩藏。自自然然、简简单单才能够得到真正的快乐。

《伊索寓言》中有这样一则故事：城市老鼠和乡下老鼠是一对好朋友。有一天，乡下老鼠写了一封信给城市老鼠，信上这么写着："城市老鼠兄，有空请到我家来玩，在这里，可享受乡间的美景和新鲜的空气，过着悠闲的生活，不知你可有兴趣过来坐坐？"

城市老鼠接到这封信后，高兴得不得了，立刻动身前往乡下。到那里后，乡下老鼠拿出很多大麦、小麦，放在城市老鼠面前。城市老鼠不以为然地说："原来这就是你说的悠闲生活啊？你怎么能够老是过这种清贫的生活呢？住在这里，除了不缺食物，什么也没有，多么乏味呀！还是到我家玩吧，我让你见识见识什么才是真正的悠闲自在。"

于是，乡下老鼠就在好奇心的唆使下跟着城市老鼠出发了。

到了城里以后，乡下老鼠顿时张大了嘴巴，看到那么豪华、干净的房子，他非常羡慕。想到自己在乡下从早到晚，都在农田上奔跑，以大麦和小麦为食物，冬天还得在那寒冷的雪地上搜寻粮食，夏天更是累得满身大汗，和城市老鼠相比，自己简直太不幸了。

两只老鼠互相寒暄了一会儿，城市老鼠就把乡下老鼠领到了餐桌上，准备享受美味的食物。突然，"砰"的一声，门开了，有人走了进来。他们吓了一大跳，飞也似的躲进墙角的洞里。乡下老鼠吓得忘了饥饿，想了一会儿，戴起帽子，对城市老鼠说："还是乡下平静的生活比较适合我，这里虽然有豪华的房子和美味的食物，但每天都紧张兮兮的，倒不如回乡下吃麦子来得快活。"说罢，他昂首挺胸地回到了乡下。

这则寓言让我们看到了两个不同个性、习惯的老鼠，喜欢不同的生活方式，即使他们都曾经对不同的世界感到好奇、有趣，但是，他们最后还是都回到自己所熟悉的生活圈子当中。在有生之年，我们应该接受生活的本来面貌，以自己喜欢的方式生活，所追求的应当是自我价值的实现以及自我的珍惜。这一定论已成为人们探讨的热点话题。当然，你绝不可能让每个人都同意或认可你所做的每一件事，但是，一旦你认为自己有价值，值得重视，那么，即使你没有得到他人的认可，你也绝对不会感到沮丧。如果你把"不赞成"或者"不喜欢"视作生活在这一星球上的人不可避免地会遇到的非常自然的结果，那么你的幸福就会永远是自己的。因为，在我们生活的这个星球上，人们的认知都是独立的，人人都在为自己而活，只是活着的方式不同罢了。找到属于自己的就足够了。

当你看清了自己，看清了别人，看清了环境，看清了客观条件之后，就要坚定地走自己的路，朝着既定的目标勇敢前进，就要"咬定青山不放松"，不要因为一些外在的因素而放弃。不仅要有明确的目标，而且要目标坚定，不为外物所动，在当今纷争复杂的社会中，坚定自己的节操，维护自己高贵的人品，甘于寂寞和宁静，不为锦衣玉食，高官厚禄所动，而是淡泊明志，坚定自己的生存方式，以自己所喜欢的生活方式生活，才是人中精品，智者中的智者。

九、学会为自己颁奖

当你尽了很多的努力，取得了一定成绩的时候，不妨为自己庆贺一番，这样做，就会建立起更多的自信。

许多每天从事推销的业务员都有这样的经验：如果早上起来，心情不佳，自忖无法应付即将面对的难缠的客户时，便将成交率高的客户作为首先拜访的对象，待成交几笔交易，自信心培养充分以后，再去拜访较难缠的客户。这种方式不但可使心情由阴郁变开朗，还可以确保一天的业绩。

实际上，他们所需要的，正是充实自信心的成就感。成功者善于爱护和不断地培育自己的自信心，他们懂得如何"给自己颁奖"。

不信任自己的人，悲观处世的人，只是把自己的成果当作侥幸的人，不可能成为成功者。成功者同他们的态度是截然不同的。

成功者在找到了自己的目标后，总是以强烈的进取精神千方百计地创造条件实现目标，从而大大增加了自己成功的机会。即使遇到挫折，他们也会积极分析，调整自己的心态，去进行新一轮的努力。而当事情有了进展，他们往往能充分肯定自己的已有成就，并以此来增强自己前进的勇气。

人生来就需要得到鼓励和赞扬。许多人做出了成绩，往往期待着别人来赞许。其实光靠别人的赞许还是不够的，何况别人的赞许会受到各种外在条件的制约，难以符合你的实际情况或满足你的期盼。要保护自己的自信心和成功信念，不妨花些时间，恰当地给自己一些奖励。

一位美国作家，他靠为报社写稿维持生活。他给自己定了一个目标，每周必须完成两万字。达到了这一目标，就去附近的中国餐馆饱餐一顿作为奖赏；超过了这一目标，还可以安排自己去海滨度周末。于是，在唐人街和海滨的沙滩上，常常可以见到他自得其乐的身影。

英国畅销书作家劳伦斯·彼德曾经这样评价一些著名歌手。

为什么许多名噪一时的歌手最后以悲剧结束一生？究其原因，就是因为，在舞台上他们永远需要观众的掌声来肯定自己。但是由于他们从来不曾听到来自自己的掌声，所以一旦下台，进入自己的卧室时，便会倍觉凄凉，觉得听众把自己抛弃了。

他的剖析，确实非常深刻，值得深思。

19

给自己颁奖，不同于自我陶醉，而是为了强化自己的信念和自信心，更正确地评估自己的能力和人格。

当你取得了成就，做出了成绩，或朝着自己的目标不断有所进展的时候，千万别忘了给自己颁奖。当你对自己说"你干得好极了"或"那真是一个好主意"时，你的内心一定会被这种内在的诠释所激励。而这种成功的欢乐，确实是很值得你去细细品味的。成功的信念需要有成就感来充实，请记住：给自己颁奖！

十、爱自己才会爱别人

爱自己，才会爱别人。在此，我们可用以下方法帮助自己爱自己。

1. 写下十个优点，写完之后默念三遍，然后闭上眼睛在心中再默默地念三遍。

2. 睁开眼睛，伸出双手请别人压一压。

3. 写下十个缺点，写完之后默念三遍，然后闭上眼睛在心中再默默地念三遍。

4. 睁开眼睛，伸出双手请别人压一压，体会一下是什么感觉。

相信你实验的结果是在默念优点之后，伸出的双手很难被压下来，为什么？因为它变得较有力。这个试验就是让你具体地体验一下负面的、消极的及正面的、肯定的思想对一个人整体（生理、心理及精神的整合）的影响。

有一个美国医生皮尔叟做过一个研究。两百名参加宴会的宾客品尝了同样的食物之后，其中一半的人食物中毒，另一半人却安然无恙。他觉得好奇，想了解其中的奥妙，结果发现，那些未中毒的人生活态度较积极，自我评价极高，对事情较看得开，处世较有弹性，用一句精神心理学的话来说，就是他们的心灵的力量，也就是心能较大、较强，换句话说心能越大，人越健康，因为其免疫系统较强。心能的大小强弱对人的各方面都有影响，医生、心理学家等早已提出各种理论与实验结果，只是我们不知道罢了。

心灵的力量是很容易培养的，因为人的心灵很单纯，唯一的要求是要相信自己，肯定自己，相信自己是个好人，勤奋、努力、认真、节俭，肯定自己的大方、仁慈、善良……但是，要人相信自己的最大困难，就是人永远与别人比较：我不够好，因为别人比我更好；我不够仁慈，因为张三比我更仁慈；我不够漂亮，因为……人们总是有理由否定自己。人是很有意思的动物，许多人很难爱自己却要求得到别人的爱；看到自己的尽是缺点，但当别人指出它们时却不高兴；看不到自己的优点，但当别人指出它们时却不能相信与接受。你说，人是不是很奇怪？其实，在我开始学习了解人性之后，我发现人的问题不少，其中有几个是根本，他们就是与别人比较，缺乏自信，爱自我责备，针对这几点，可用以下方法来改善。

1. 跳出"与别人比较"的模式，成为与"自己比较"的独立的自我。做到这点很不容易，因为我们从小到大所受的教育与社会影响多半是与别人比较，我们已经养成了习惯。但习惯是可以改变的。最好找一个好朋友一起做，彼此鼓励，彼此切磋与支持。

2. 写下你所有的优点。在许多场合下，我要求参与者写下优点时，他们觉得很困难，但要他们写缺点时，却又快又好，所以请大家花一点儿时间想想自己的优点，若想不出来，就问朋友或家人，有时候反而是别人知道你的优点比你自己知道得多。

3. 每天早上、中午及晚上念自己的优点三遍，刚开始可能觉得不自然甚至有些别扭，但要坚持去做，做了一段时间之后你会发现优点增加了，就加上吧，越多越好。

4. 每天记下自己所做的事，在好事、好的表现如"努力""认真""勤劳"等上面打一个记号，在需要改进的事及欠缺的方面如"骄傲""懒惰"等上面打一个记号，在晚上做一个总记录，做完记录之后，好好地欣赏与肯定自己所做的好事；对需要改进的事则告诉自己，今天我有些自私，明天我会改进，会做得更好些。要谢谢今天所接触的一切人、所发生的一切事，感谢它们使你有学习、改进和成长的机会。

5. 用幽默的态度"嘲笑"自己做得不够好的地方，而不要严肃地责怪自己，把"你看，你又犯了这毛病，怎么搞的，你怎么这么笨，老是学不会，难怪别人都不喜欢你！"转换成"哈！哈！哈！你看你，又以自我为中心了！我已经很努力了，但下次要更小心点儿，更努力点儿。哈！哈！哈！"

6. 学习多欣赏别人的优点，包容别人的缺点。

学会爱自己了吗？如果是，那么接下来你还要学习怎样去爱他人。

十一、挣脱心灵的枷锁

生命像树一样，大部分人必须移植后方能开花。

一个小孩在看完马戏团精彩的表演后，随着父亲到帐篷外拿干草喂已表演完的动物。

小孩注意到一旁的大象群，问父亲："爸，大象那么有力气，为什么它们的脚上只系着一条细细的铁链，难道它无法挣开那条铁链逃脱吗？"

父亲笑了笑，耐心为孩子解释："没错，大象是挣不开那条细细的铁链。在大象还小的时候，驯兽师就是用同样的铁链来系住小象，那时候的小象，力气还不够大，起初也想挣开铁链的束缚，可是试过几次之后，知道自己的力气不足以挣开铁链，也就放弃了挣脱的念头，等小象长成大象后，它就甘心受那条铁链的限制，而不再想逃脱了。"

正当父亲解说之际，马戏团里失火了，草料、帐篷等物，燃烧得十分迅速，蔓延到了动物的休息区。

动物们受火势所逼，焦躁不安，而大象更是频频跺脚，仍是挣不开脚上的铁链。

炙热的火终于逼近大象，只见一只大象已被火烧到，灼痛之余，大象猛一抬脚，竟轻易将脚上铁链挣断，迅速奔逃至安全的地带。

有一两只见同伴挣断铁链逃脱，立刻也模仿它，用力挣断铁链。但其他的大象却不肯去尝试，只顾不断地焦急转圈跺脚，最后遭大火吞没，无一幸存。

在大象成长的过程中，人类聪明地利用一条铁链限制了它，虽然那样的铁链根本束缚不住有力的大象。

在我们成长的环境中，是否也有许多肉眼看不见的铁链在系住我们？而我们也就自然将这些铁链视为理所当然。就这样，我们独特的创意被自己抹杀，认为自己无法成功致富，难以成为配偶心目中理想的另一半，无法成为孩子心目中理想的父母、父母心目中理想的孩子。然后，开始向环境低头，甚至于认命、怨天尤人。

这一切都是我们心中那条系住我们的铁链在作祟。或许，你必须耐心静候生命中来一场大火，逼得你非得选择挣断铁链或甘心被大火吞没。或许，你将幸运地选择了前者，在挣脱困境之后，语重心长地告诫后人，说人必须经历苦难的磨炼方能得以成长。

除了这些人们习以为常的方式之外，你还有一种不同的选择。你可以当机立断，运用我们的能力，立即挣开消极习惯的捆绑，改变自己所处的环境，投入一个崭新的积极领域中，使自己的潜能得以发挥。

你愿意静待生命中的大火，甚至甘心为它所吞，而低头认命吗？抑或立即在心境上挣开环境的束缚，获得追求成功的自由？在这两者之间做出选择并不困难，困难的是我们没有勇气去打破已有的格局。精神上的枷锁有以下几种。

1. "别人会怎样想"的枷锁。

面对失败，"别人将会有什么看法呢？"这的确是一种最普遍而且最具自我毁灭性的心理状态。这种"别人"式的想法是一种强而有力的枷锁。它会伤害你的创造力和人格，把你原有的能力破坏殆尽，使你停滞不前。为摆脱这种"别人"式的枷锁，你不妨想一想，"别人"并不是"先知先觉"，他们往往是"事后诸葛亮"。你应该记住：走自己的路，让别人去说吧！

2. "注定会失败"的枷锁。

这是另一种非常普遍的心理。一旦失败，便将自己初始的动机统统扼杀。他们不断地重复着说："早知如此，何必当初！"他们因此把自己看得渺小，无法透彻地看清自己。要知道，世上没有后悔药。为了摆脱"注定会失败"的枷锁，你需要改变思想，换"脑筋"，思想本身会左右事情的发展。你不妨跟自己闲谈，保持积极的态度。切莫在不经意中将自己的创新意识抛弃，它是你最珍贵的东西。想着"我将要成功"而不是失败；"我是一个胜利者"而非"一位失败者"；寻找助你成功

的方法。你会发现你能左右自己的心灵，同样能左右自己的行动。

3."为时已晚"的枷锁。

许多失败者相信自己太晚了，已无法挽回，无法再创业了，因此对未来完全妥协，尽量逆来顺受地熬日子。这种"为时已晚"的枷锁，包括各式各样的人物：一个30岁的青年做生意亏了本就认为无法东山再起；一个40岁的寡妇就自认为太老无法再婚；一位十年前没有扩大投资的厂长要想重新开始投资就认为时过境迁。为了除去这种"为时已晚"的枷锁，你可以多观察那群在社会生活中的活跃人物，而不去理会"年龄的限制"，并下定决心，不断奋斗，所谓"春蚕到死丝方尽，蜡炬成灰泪始干"，成功与年龄无关，重新开始永远为时不晚。

4."过去错误"的枷锁。

许多人都害怕再次尝试失败，因为他们曾经失败过，而且受创很深，正所谓"一朝被蛇咬，十年怕井绳"。但是，对每一位有志之士来说，他都必须对过去所犯的错误保持正确的哲学观，从而使他得以再求突破，再创佳绩。如果你能将自己的失败看成是很有价值的教育投资的话，那就一点儿也没有损失了。因此，你完全不必把"过去的错误"看得太重。其实那根本不能算作失败，只能算是受教育，它能教会你许多事情，使你更加成熟。

不管是哪一种，当你失败了再站起来，或许精神焕发，或许精神一般。但如果不能站起，那就是枷锁会加重你的负担，使你步履艰难甚至压得你喘不过气来。只有把它们卸下来，你才能一身轻松地去奋斗，向着你的目标勇往直前。

十二、真正勇敢的人

面对别人挑衅的时候，一般情况下，我们都会选择用更甚的方式给对方以反击，却不去想有没有其他更好的方式可以解决问题。《马太福音》中有这样一条教义：当有人打你的右脸时，你应该把左脸也转过来让他打。这话听起来有些不可思议，但是却被很多成功人士奉为圭臬。在很多人看来，这是一种懦弱的表现，但是真正勇敢的人明白，并不需要通过逞一时的威风来显示自己的勇敢。

在威名赫赫的华盛顿总统年轻的时候，曾发生过这样一件事情。

身为上校的华盛顿令部下驻防亚历山大市。当时正值弗吉尼亚州议会选举议员，一个名叫威廉·佩恩的人反对华盛顿所支持的候选人。因此，华盛顿和此人之间就选举问题展开了激烈的争论，华盛顿说了一些冒犯的话。脾气暴躁的佩恩火冒三丈，一拳将华盛顿打倒在地。华盛顿的部下急忙跑过来，想要教训一下佩恩，却被华盛顿阻止了，并被命令马上回到营地。

第二天一早，华盛顿就派人给佩恩带了一张便条，约他到一家小酒馆见面。佩恩料想必定是两个人之间的决斗。于是精心作好了准备，赶到了酒馆。然而见到华盛顿的时候，却大吃了一惊。等待他的不是一把手枪而是美酒。

看见他进来，华盛顿站起身来，伸出手迎接他。华盛顿说："佩恩先生，人非圣贤，谁能无过。昨天确实是我不对，我不可以那样说，不过你已然采取行动挽回了面子。如果你认为到此可以了结的话，请握住我的手，让我们交个朋友。"

佩恩没有想到驰骋沙场的华盛顿上校，居然会以这样的方式来结束他们之间的争吵。不禁为自己前一天的行为感到深深的自责，更被华盛顿的人格魅力深深打动。

从此以后，佩恩成为华盛顿的一个狂热崇拜者和支持者。

当你受到别人的伤害或挑衅的时候，不要急于采取行动，应先放弃会使事态恶化的举措，冷静下来，然后找到一条最佳的方案处理事情。不要为逞一时的威风而损害自己的利益，或者落得两败俱伤的结果。

如果对方是有意伤害你，但本质并不坏；或者对方并非恶意伤害你，只是由于误会或其他原因造成了你的损失；再或者你和对方有直接的利益关系，有求于人的时候，都不如暂时采取退避的方法，以德报怨，让对方自己感到内疚，解决误会，从而使自己得到更多的利益。

十三、如何与富人打交道

在这个世界，嫌贫爱富的心态是十分普遍的。但这并不意味着我们不能很好地与富人的沟通，如下七种心态对于那些常与有钱人打交道的朋友，可能有所帮助。

1. 勿自卑

即使结交的是世界第一大财主，也不要有他在天上、你在地下的自卑心理，人人是生来平等的。若是太过卑怯反而会令人感到不自在，使对方产生戒心。或是把"我们家是穷人""我们是工人出身"时常挂在嘴边，不仅引起别人反感，让人不舒服，还会令人厌恶。

2. 勿谄媚

围绕在有钱人四周的，有太多阿谀谄媚的人，而这些人整天只会喋喋不休地说些赞美其聪明、美丽、才干等不着边际的话，为的是能多捞一些钱回来。对这些现象，有钱人早就习以为常了，反倒是不阿谀谄媚的人才让他们更有新鲜感。

3. 别谈钱

往往有钱人对于钱的事最敏感；若是一直在他身边谈论钱的事情，不仅容易对你产生戒心，也很容易怀疑你，害怕你对他图谋不轨，彼此就不能有机会接近，就无法获得他的信赖。

4. 少说话

那些和有钱人交往的人，往往会赢得别人的注意，别人还会对你另眼相看；要是再散布一些自己常和有钱人在一起的消息，特别是流传到有钱人的耳朵里，就会使他们讨厌你，认为你嘴巴都靠不住，更别提你的为人了。

5. 要守时

对于有钱人来说，时间就是金钱。若是你不懂这个道理，每次约会都迟到，还编了一大堆理由，他们会觉得你一定成不了大器，就更不会被有钱人欣赏。

6. 有趣的话题

在谈话中，避免啰唆，好像三姑六婆般说个不停。多选择一些对方专业领域里的话题，抑或是对方极有兴趣却不了解的话题。只要有了开端，就会欲罢不能地进行下去，彼此愉快地交谈。

7. 善分析

向有钱人报告一些重要事项时，切忌冗长抓不着重点，而要简单明了，条理清楚；再加以口头上的分析及解释，说得头头是道，这样有助于有钱人决策。

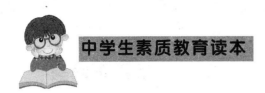

第二章 生命中的完美与残缺

一、追求"完美"要不得

水至清则无鱼，人至察则无徒。

——《汉书·东方朔传》

追求完美，是人类自身在成长过程中的一种心理特点或者说是一种天性，它更是一种积极的生活态度。然而，过于追求完美却不见得是一件好事。因为人的欲望是无止境的，有了好的工作，又要有好的生活；有了好的生活，又要有好的爱情；有了好的爱情，还要有好的身体。这样的生活态度不会给人带来轻松，反而会压力重重。也许人们正是有了这种不满足于现状的心态，才会不断地追求奋斗，生活中才多了那么多的精彩瞬间。但是时间长了，就会形成这样一种情景：似乎任何一件事情都达不到让自己满意的状态，吃不好，也睡不好，总觉得心里有个疙瘩，很不舒服。过这样的生活不是会很累吗？

其实，我们在做事情的时候，真的不需要太过于追求完美，因为天底下几乎没有什么事情是可以做到尽善尽美的。任何事情都有个度，就像水到了100℃就会沸腾，低于 -4℃就结冰一样，是很自然而然的事情。追求完美也是一样，如果超过了这个度，那么反而会离完美越来越远，所以实在没有必要刻意地去追求它。

一个渔夫在一次打鱼的时候，捞到了一颗珍贵的珍珠，他很高兴。但令人遗憾的是，珍珠上面有一个小小的黑点。渔夫就想：如果能想办法把这个小黑点去掉的话，那这颗珍珠就会成为无价之宝了，到时候我就发财了。于是，他把珍珠去掉了一层，但是黑点仍然存在，又剥了一层，黑点还是存在。直到最后，黑点消失了，但珍珠也不复存在了。

在现实生活中，我们又何尝不是如此，过分追求完美，最后反而更加不完美，我们所付出的代价往往就是把"大珍珠"也追求没了。让自己跌进过分完美所造成的误区里，心被渐渐地磨出了老茧，却浑然不知。所以，人的期望不能过高，够好就行了。浪费太多时间和力气去追求完美，结果却常常是没有时间做好任何事情，想要面面俱到，却是一面也不到。

《管子》说："斗满人概，人满天概。"古人用斗作为量器，一斗的标准是斗要平，如果太满了，就用一把尺一样的东西把多余的部分刮下来，而这用来刮斗的东西就是"概"。这句话的意思就是说，斗满的时候，人会把它概平；而人满的时候，上天会把他概平。人是最不容易满足的动物，不满足的根源就在于人的贪心，正因为贪心，人们才会费尽心机去寻找十全十美的东西。但生活中的缺憾却不可避免地存在了，如果人人都对缺憾无法释怀，那么就一定会造成心理的负担、障碍乃至疾病。如此得不偿失，又何必执着呢？要知道，有时候完美也是一种缺陷，缺陷未必不是另一种完美。

有一个人，他坚信完美的存在，并且声称不管自己做任何事情都要力求完美。于是，他在写书的时候，不仅要求内容精彩，还要求字形完美、纸张完美，甚至如果他在写的过程中出现一丝丝的错误，就要立刻换上另一张纸重新再写。就这样，他为了写一篇自己心目中的完美文章，写了停，停了写，很多年过去了，他依然在写写停停中徘徊。这个人的迂腐让人觉得可笑，其实生活中的事情，能够终结时就让它终结，如果和事情本身没有多大的关系，就不要再费心费力地追求了。如果一个人常常对问题的细枝末节甚至一丝一毫都不肯漏掉，后果只会是枝节横生，甚至给别人也带来无穷的牵连。试想一下，闻名世界的维纳斯雕像若不是失去了双臂，那她是否还能像现在一样受到人们的推崇？

有这样一个故事：一个男人，倾尽一生在寻找一个完美的女人，以至于直到他

29

70岁的时候，还没有结婚。于是有人问他："你寻找了一辈子，也找遍了世界上很多地方，难道就连一个完美的女人都没有遇到吗？"这个男人十分伤心地说："有一次，我碰到了一个完美的女人。"那个人又问："那你为什么没有和她结婚呢？"这个男人很无奈地说："没有办法，她也正在寻找一个完美的男人。"

毫无疑问，故事中的男女主人公都在追求一种至善至美的爱情，在他们的心中都为自己想象了一个完美无缺的异性，他们也希望在现实生活中可以找到和心目中所想象的一模一样的人，可是最终他们谁也没有遇到。完美是一句极具诱惑力的口号，却也是一个漂亮的陷阱，过于追求完美，只不过是堵死了通往爱情、通往婚姻的那扇门，自己已经掉进了完美的陷阱却全然不知，还以为睡在了席梦思软床上。

事实上，世界上没有一个人是完美的，有志未必有心，有心未必有力，有力未必有钱，有钱未必有情，有情未必有爱，有爱未必有缘，有缘未必有分，有份的又未必能在一起和平相处。所以，这个世界上也根本不存在完美无缺的爱情，真正的爱情不只是最初的浪漫情怀，更多的是爱情过后的平淡的岁月，是一种浪漫过后的真实的生活。那种生活，就如一条小溪在生命的长河中缓缓流过，波澜不惊，又淡然地在你的生命长河中荡涤出一条涓涓细流，时刻滋润着你的生命。所以，我们不必追求事事都有好的表现，不必一开始就要求自己做到十全十美，保持一颗平常心，才是完美的心境。

在爱情中，我们不要刻意地奢望对方能够给予我们很多，而是应该想着怎样为对方付出，更应该对这份爱情心存感激，尝试着做一个懂得爱与被爱的人。也唯有尝试了，才会懂得爱情不是完美的，有着许许多多的缺点，但也终有一些东西是值得我们欣赏的。爱情，不必过分追求完美，它要的是一种畅快的心情，一种愉悦的感觉，一种超脱的自由，一种淡然的态度。

世界上没有绝对的完美，现代医学甚至认为，过分追求完美是一种强迫症，主要特征是苛求完美。这些人往往对自己要求过于严格，同时又有些墨守成规、谨小慎微，会因为过分地重视事物的细节而忽视全局，优柔寡断的性格让他们面临意外

30

时会不知所措。由于时刻都过度认真和拘谨，因此缺少灵活性，也很少会有自由悠闲的心境，缺乏随遇而安的潇洒，从而使自己长期处于紧张和焦虑状态。

二、龙涎香：由痛苦孕育而成

很多时候，人们只看到别人光辉耀人的一面，却不知道别人在成功的背后经历的痛苦。殊不知最好的东西需要最痛苦的孕育，才能形成。

龙涎香是一种名贵的香料。它与麝香几乎是所有高级香水和化妆品中必不可少的配料。据说作为固体香料时，它的香气可以长达百年，被誉为"天香"和"香料之王"，但很多人却不知道它孕育中所经历的痛苦。

《星槎胜览》上给龙涎香赋予了一个美丽的传说："龙涎屿，独然南立海中，波击云腾，每至春间，群龙所集，于上交戏，而遗涎味……其龙涎初若脂胶，黑黄色，颇有鱼腥之气，久则成就土泥。"由此，先人相信龙涎香是"龙之唾液"。这种说法当然是不科学的，只是人们从它奇异的香味，幻想出的美丽传说而已。人们觉得这样美妙的香料，一定很传奇，很高贵。

当经过海洋生物学家们反复研究，终于向人们揭开了龙涎香的神秘身份的时候，让我们大吃一惊。原来，它源于抹香鲸的体内。抹香鲸最喜欢吞吃章鱼、乌贼、锁管等动物，而章鱼类动物体内坚硬的"角喙"可以抵御胃酸的侵蚀，在抹香鲸的胃里不能消化，如直接排出体内的话，势必割伤肠道。于是，在千万年的进化中，抹香鲸慢慢适应了这种"饮食"习惯，它的胆囊能够大量分泌胆固醇进入胃内将这些"角喙"包裹住，形成罕见的龙涎香，然后再缓慢从肠道排至体外，有的抹香鲸也会通过呕吐排出。稀世香料就这样产生了。

原来这样奇异的香料的出身竟如此卑微，经历了如此痛苦的过程，实在令人难以置信。奇怪的是，龙涎香在刚刚诞生的时候，不仅不香，而且还奇臭无比。它需要在海波的摩挲、阳光的曝晒、空气的催化下，臭味才能慢慢消减，然后淡香出现，

31

逐渐变得浓烈；颜色相应也会由最初的浅黑色，渐渐地变为灰色、浅灰色，最后成为白色。白色的龙涎香品质最好，只是它需要经过百年以上海水的浸泡，才能散发出奇异的香气。

龙涎香的产生是一个长期漫长的过程，就像我们人的成长一样，需要经过多年的打磨。我们为什么不能做一次"龙涎香"，给自己一个锻造的过程呢。不要因为一时的失意，而去否认自己的能力，也许你就是一块正在孕育中的龙涎香。应该相信自己一时的苦难只是上天对你的考验，千万不要妄自菲薄。因为上天选中了你，希望你能像龙涎香一样，为人间带来奇异的芳香，才会让你承受别人所不曾经历的痛苦。

三、接受真实的自己

在这个世界上，有些人不喜欢自己，因为他们无法接受自己。

不接受自己的人，常常心情郁闷，对生活中的一切都没兴趣。他认为自己思想怪诞，怀疑自己患有某种精神疾病；他还抱怨周围的亲友、同事、邻居不能理解他等等。实际上，他没患任何精神疾病，问题在于他不能接受自己，从而影响到他对别人的接受，进而产生其他方面适应的困难。由于他不曾意识到这点，无病自扰之，表现出自暴自弃的倾向。

可见，对所有人，正确评价自己、接受自己都至关重要。它关系到建立正确的自我观念，适应环境，促使性格健康发展。接受自己，去除自卑感，是精神健康的重要保障。

怎样才能增进自我接受感呢？

第一，要克服完美主义，认识到自己不可能做到十全十美，因为这世界并不完美。家人、友人同样有缺点。十全十美是不可能达到的，所以，应当"知足常乐"。要容忍体谅，不但要与他人相处容易，亦要做到对自己的行为不苛求。不要做时钟的奴隶，尽可能在时间限制内完成工作，记住"欲速则不达"。要明白讨好所有的人是不可能的，所以根本不必去尝试。"受欢迎"的本意是使他人赏识你的本人，而不是你的最好表现。尝试一下"畅所欲言"，坦诚和直率能消除许多障碍与心理压力。要对自己有信心，你和任何人一样有可取之处。切勿过分自责，任何人都有彷徨的时刻；不必为"爱"与"恨"过分担心。切勿自悲自怜，你的遭遇并不重要，你对遭遇的反应才是最重要的。

第二，要做到真正了解自己。自知者明，自胜者勇。你可以通过比较法（与同龄、同样条件的别人相比较）、观察法（看别人对自己的态度）、分析法（剖析自己，了解自己的工作成果）等来认识了解自己。

第三，要树立符合自身情况的奋斗目标。这样会使你有机会充分发挥自己的才智，增强自信心。

第四，要不断扩大自己的生活经验。每个人都要经历适应环境的过程。在这一过程中你也许发挥了才干，也许暴露了缺陷。这没关系，教训和经验都将促进你对自己的了解。

最重要的是诚实坦率、平心静气地分析自己。要有勇气承认自己的缺陷，肯定自己的长处，扬长避短，确定自己的生活方式，增进自我接受感到的动力。

四、塑造一个最好的"我"

每个人身上都蕴藏着无穷的潜力，我们要学会描绘自己的心理蓝图。

在美国西部，有个天然的大洞穴，它的美丽和壮观出乎人们的想象。但是这个大洞穴没有被人发现之前，没有人知道它的存在，因此它的美丽也等于不存在。有一天，一个牧童偶尔来到洞穴的进口处，从此新墨西哥州的绿巴洞穴成为世界闻名的胜地。

我们每个人都有140亿个脑细胞，一个人只利用了肉体和心智潜能的极小部分，若与人的潜力相比，我们只是半醒状态，还有许多未发现的"绿巴洞穴"。正如美国诗人惠特曼诗中所说："我，我要比我想象的更大、更美／在我的，在我的体内／我竟不知道包含这么多美丽／这么多动人之处……"

我们告别了20世纪，回想过去人类艰难求索的历程，最值得骄傲的不是"登月"，也不是网络，而是人类发现自身蕴藏着无穷的潜力。

人是万物的灵长，是宇宙的精华，我们每个人都具有光扬生命的本能。为"生命本能"效力的就是人体内的创造机能，它能创造人间的奇迹，也能创造一个最好的自己。

一个人相信自己是什么，就会是什么。一个人心里怎样想，就会成为怎样的人。我们每个人心里都有一幅"心理蓝图"或一幅自画像，有人称它为"自我心象"。自我心象有如电脑程序，直接影响它的运作结果。如果你的心象想的是做最好的你，那么你就会在你内心的"荧光屏"上看到一个踌躇满志、不断进取的自我。同时，还会经常收听到"我做得很好，我以后还会做得更好"之类的信息，这样你注定会成为一个最好的你。

美国哲学家爱默生说："人的一生正如他一天中所设想的那样，你怎样想象，怎样期待，就有怎样的人生。"美国赫赫有名的钢铁大王安德鲁·卡耐基就是一个能充分发挥自己创造能力的楷模。他12岁时由苏格兰移居美国，先在一家纺织厂当工人。当时，他的目标是决心"做全厂最出色的工人"。因为他经常这样想，也是这样做，终于成为全厂最优秀的工人。后来命运又安排他当邮递员，他想的是怎样"做全美最杰出的邮递员"，他的这一目标也实现了。他的一生总是根据自己所处的环境和地位塑造最佳的自己，他的座右铭就是"做一个最好的自己"。

34

做一个最好的自己，不一定非要当什么"家"，也不一定非要出什么"名"，更不要与别人比高低，比大小。就像人的手指，有大有小，有长有短，它们各有各的用场，各有各的美丽，你能说大拇指就比小拇指好？决定最好的你，既不是你物质财富的多少，也不是你身份的贵贱，关键是看你是否拥有实现自己理想的强烈愿望，看你身上的潜力能否充分地发挥。人们熟知的一些英雄模范人物，就是在最平凡的岗位上，充分发挥人的创造能力，做好每一件事，创造最好的自己。只要我们坚信自己拥有"无限的能力"，便可以创造和谐的心理、生理韵律，也才能体现出自己的人格魅力。

五、身体残疾不是缺陷

残疾不是一种缺陷，至少身体有残疾的人，他们的心灵仍是健全的。一个天生就没有手脚的人，却以自己的不懈努力成为公众人物和著名主持人，这就是日本青年乙武洋匡的成长历程。他给人们留下的不仅仅是震撼和思考，更给我们带来了他与众不同的思想。

现年23岁，仍在日本早稻田大学政治学系念四年级的乙武洋匡，已经是一个知名的人物。他的自传出版后，七个月内就销售了380万本；日本TBS电视台也请他策划主持"新闻的森林"栏目。

让那么多人注意到这个年轻小伙子的，当然是他身体不健全的特征——从出生开始，医师就判定他是"先天性四肢切断"，换句话说，就是"天生没手没脚"。

但乙武的魅力所在，却是他面对先天残疾的态度。励志的故事，大多数人都听过不少，但当乙武以短小到几乎没有的手脚，认真地在篮球场上进行他所谓的"超低空运球"的时候，还是相当令人感动的。更何况，在他从小到大的成长历程中，他又学游泳，又参加运动会赛跑，甚至参加学校的橄榄球队，还积极从事社区发展工作，"身体不健全"对他来讲，只是一个"特征"，而非"缺陷"。

值得指出的是，乙武对于"残疾"却以个性化的体验提出了与众不同的诠释，正如他在自传中指出的：

"虽然的确没有什么人会觉得'残疾者才有吸引我的魅力'，不过也用不着在意，最后还是要看每个人自己的魅力。

"如果自己不能接受工作内容，也不会对自己的职业产生'自尊'吧！也许社会的确不容易混，不过我可不想'无可奈何'地工作。

　　"一般人常说，'要克服残疾'或是'跨越残疾的限制'，我和我的爸妈却完全不适用这种形容词。因为我们没有把残疾当作一种缺陷。"

　　"小孩子很纯真，看到残疾者会问'为什么？'只要解答了他们的疑问，他们就会毫无成见地接纳。我希望更多人问我，最好是当面来问我'为什么？'否则他们如果把这个疑问一直留在心底，就会形成对残疾者的'心理障碍'。"

　　人们注意到，乙武的成功其实来自于他对自己充分的自信。

　　乙武说："我认为我的个性是脆弱的，但我从来没有因为残疾而感到脆弱"。他觉得自己有时不能控制自己的情绪，这是个性脆弱的表现，但这与身体残疾没有什么关系。事实上，从他出生后第一个月，第一次与他的母亲见面时，他母亲说出的第一句话超乎在场所有人的想象，"好可爱"。他在小学时的老师，刻意让他过着与正常小朋友一样的校园生活，从这两点来看，乙武能够以不同眼光看待自己的先天残疾，已是其来自有。

　　面对现在的成功，乙武有些不习惯，他说："成了名人有很多的限制，像现在和女孩子一起走，别人看了觉得很奇怪，成为目光的焦点。"

　　乙武现在就有了盛名之累。不过，乙武相信，虽然成为名人对他来说带来不少限制，但也因此有机会可以把自己的一些想法传达给许多人，这还是很有意义的事。例如，他会觉得，现在各界对他瞩目，或许过些时候就不会再有人去评论他，他不愿自己只是带起一股热潮，而希望能够有持续性。目前，他通过媒体，一方面接受访问，把自己成长的一些想法告诉别人；另一方面，在他自己的节目中访问别人，传达别人的想法。

　　"既然有残疾者做不到的事，也应该有残疾者才能做到的事。上天是为了教我达成这个使命，才赐给我这样的身体。"这句话也值得我们每个人去深思。

六、化解心中的嫉妒

嫉妒是一种难以公开的阴暗心理，它常对人们造成一种严重的心理危害。日常工作和社会交往中，嫉妒心理常发生在一些与自己旗鼓相当、能够形成竞争的人身上。比如：对方的一篇论文获奖，人们都去称赞和表示祝贺，自己却木呆呆坐在那里一言不发。由于心存芥蒂，事后也许或就这篇论文，或就对方其他事情的"破绽"大大攻击一番。对方再如法炮制，以牙还牙。如此恶性循环，必然影响双方的事业发展和身心健康。

所以，克服嫉妒心理要先想后果，认清危害性。

其次，如果被嫉妒心理困扰，难以解脱，一定要控制自己，不做伤害对方的过激行为。然后不妨用转移的方法，将自己投入到一件既感兴趣又繁忙的事情中去。

工作及社交中嫉妒心理往往发生在双方及多方，因此注意自己的性格修养，尊重并乐于帮助他人，尤其是自己的对手。这样不但可以克服自己的嫉妒心理，而且可使自己免受或少受嫉妒的伤害。同时还可以取得事业上的成功，又能感受到生活的愉悦，何乐而不为呢？

有意识地提高自己的思想修养水平，是消除和化解嫉妒心理的直接对策。

伯特兰·罗素是20世纪声誉卓著、影响深远的思想家之一，1950年诺贝尔文学奖获得者。他在其《快乐哲学》一书中谈到嫉妒时说："嫉妒尽管是一种罪恶，它的作用尽管可怕，但并非完全是一个恶魔。它的一部分是一种英雄式的痛苦的表现；人们在黑夜里盲目地摸索，也许走向一个更好的归宿，也许只是走向死亡与毁灭。要摆脱这种绝望，寻找康庄大道，文明人必须像他已经扩展了他的大脑一样，扩展他的心胸。他必须学会超越自我，在超越自我的过程中，学得像宇宙万物那样逍遥自在。"化解嫉妒心理的良方有以下五点。

1. 胸怀大度，宽厚待人。

19世纪初，肖邦从波兰流亡到巴黎。当时匈牙利钢琴家李斯特已蜚声乐坛，而肖邦还是一个默默无闻的小人物，然而李斯特对肖邦的才华却深为赞赏。怎样才能使肖邦在观众面前赢得声誉呢？李斯特想了个妙法：那时在演奏钢琴时，往往要把剧场的灯熄灭，一片黑暗，以便使观众能够聚精会神地听演奏。李斯特坐在钢琴前，当灯一灭，就悄悄地让肖邦过来代替自己演奏，观众被美妙的钢琴演奏征服了。演奏完毕，灯亮了。人们既为出现了这位钢琴演奏的新星而高兴，又对李斯特推荐新秀深表钦佩。

2. 自知之明，客观评价自己。

当嫉妒心理萌发时，或是有一定表现时，能够积极主动地调整自己的意识和行动，从而控制自己的动机和感情。这就需要冷静地分析自己的想法和行为，同时客观地评价一下自己，从而找出一定的差距和问题。当认清了自己后，再评价别人，自然也就能够有所觉悟了。

3. 快乐之药可以治疗嫉妒。

要善于从生活中寻找快乐，正像嫉妒者随时随处为自己寻找痛苦一样。如果一个人总是想：比起别人可能得到的快乐来，我的那一点快乐算得了什么呢？那么他就会永远陷于痛苦之中，陷于嫉妒之中。快乐是一种情绪心理，嫉妒也是一种情绪心理。何种情绪心理占据主导地位，主要靠人来调整。

4. 少一份虚荣就少一份嫉妒心。

虚荣心是一种扭曲了的自尊心。自尊心追求的是真实的荣誉，而虚荣心追求的是虚假的荣誉。对于嫉妒心理来说，它要面子，不愿意别人超过自己，以贬低别人来抬高自己，正是一种虚荣、一种空虚心理的需要。单纯的虚荣心与嫉妒心理相比，还是比较好克服的，而两者又紧密相连，相依为命。所以克服一份虚荣心就能少一分嫉妒。

5. 自我抑制，是治疗嫉妒心理的苦药，自我宣泄，是治疗嫉妒心理的特效药。

嫉妒心理也是一种痛苦的心理，当还没有发展到严重程度时，用各种感情的宣泄来舒缓一下是相当必要的。

在这种发泄还仅仅是处于出气解恨阶段时，最好能找一个较知心的朋友或亲友，痛痛快快地说个够，暂求心理的平衡，然后由亲友适时地进行一番开导。虽不能从根本上克服嫉妒心理，但却能中断这种发泄性朝着更深的程度发展。如有一定的爱好，则可借助各种业余爱好来宣泄和疏导。如唱歌、跳舞、书画、下棋、旅游等等。

不过，嫉妒是人的天性。自古以来，有不少关于嫉妒的记载与描述。在古希腊、罗马的神话中，男性的和女性的神或英雄多有嫉妒的品性。在男子占统治地位的社会里，人们往往把嫉妒看成女人的特有心理特征，在汉字里，"嫉妒"二字皆用"女"字作偏旁，也是一证。我国明代人谢肇淛写过一部笔记小说，叫作《五杂俎》，其中汇集了从古代到明代包括皇后和民女在内的上百个以嫉妒闻名的女性。公元5世纪时，南朝宋明帝刘彧为惩治妒妇，曾命人写过一本《妒妇记》。莎士比亚的《驯悍记》，也着重描绘了女性的嫉妒。其实，嫉妒并不限于女性，男性也嫉妒。很喜爱艺术的古罗马皇帝埃追安（亦译阿提安）就非常妒恨诗人、画家与巧匠，因为这些人在艺术方面超过了他。中国古代惠施当了宰相后也嫉妒在才学上超过他的庄子。

嫉妒犹如醋，是人生的调味品。有一点适宜的嫉妒并不坏。嫉妒而不失去理性，则可以由不安、痛苦和怨恨转化为危机感、紧迫感、好胜心、上进心和忧患意识，催人奋起直追，激人取长补短。

七、与虚荣心做斗争

我们的社会似乎不太谴责虚荣，仿佛人人爱慕，无须谴责，然而许多悲剧和社会问题却皆源于此。

日本福富太郎在《智慧赚钱法》一书中提到获得财运的第四十八种方法"勿一味追求时尚"。而前人认为吸引女性的要素有下列五项：胆量、金钱、面貌、才干、幽默感。可是现在的年轻人却本末倒置，觉得能言善道、仪表堂堂最为重要。因此，鼻子较塌的人便赶快去整形动手术，如此爱慕虚荣的人，怎么可能节俭致富呢？这类人在公司虽抱怨薪水太低太少，但却不知如何争取合理的薪水，瞻前顾后，亦没魄力脱离公司，独立经营事业。他们能否受到女性欢迎，也是颇令人怀疑的。

若除了外表，其他一无可取的人，大概也不会有财运了。观察目前社会上，那些口口声声谈装扮、标榜个性风格的年轻人却多半也穿着路边摊上的衣服，每个人都像穿制服似的，并无什么特色可言，就好像打着宣传广告说："我崇尚流行"，而实际上却没有自我一般，如此的流行，便意味着盲目，更是种浪费。

毫无疑问的，创造流行，使之蔚然成风，可引入财源。但是追随流行者，花钱必形同流水，因流行如巨轮不断向前转，追随者必须不断跟进才行，之所以推断追求流行者不能存钱，道理即在此。

披头发型曾经风靡一时，其实，披头士可能是因没钱上理发厅而蓄长发，本意不在模仿，他们所企盼的是摇滚乐能成为旷世之音，而无心插柳柳成荫，其披肩的长发竟也成为注目的焦点，甚至为英国赚进大量的外汇，其成为乐坛巨匠，是因为对音乐的狂热和不同流俗的胆量，他们的流行是走在时代前沿的，不同于一味地模仿，故能致富。

以84岁高龄谢世的西班牙画家达利·萨尔巴托生前有许多特别的举止，据说留着八字胡的他，常带着心爱的狗四处溜达，告别时会与人道"午安"，他有一幅画作"钟像"，即是一种从树上垂下来的软体动物，这些都是抢眼之处。

达利的装扮的确不同凡响，但如果他和庞克族一样，则毫无意义。因流行重在能表达个性，盲目跟从他人，未免是东施效颦了，我猜测达利是有心装扮成别人都无法模仿的样子，做强烈的自我宣传，他的策略果真奏效，所以其作品在绘画作品市场能久居高价位，并被评为20世纪足以和毕加索媲美的伟大画家。

福富太郎还提到喜欢时髦、爱慕虚荣的人，不仅知道"现在流行什么"，更热衷于"未来的时尚"，这类人是罕有钱财的。其实，虚荣心重的人，所欲求的东西，莫过于名不副实的荣誉，所畏惧的东西，莫过于突如其来的羞辱。

虚荣心最大的后遗症之一是促使一个人失去免于恐惧、免于匮乏的自由；因为害怕羞辱，所以不定时地活在恐惧中，常感匮乏，经常没有安全感，不满足；而虚荣心强的人，与其说是为了脱颖而出，鹤立鸡群，不如说是自以为出类拔萃，所以不惜玩弄欺骗、诡诈的手段，使虚荣心得到最大的满足。问题是，虚荣心是一股强烈的欲望，欲望是不会满足的。虚荣心所引起的后遗症，几乎都是围绕在其周遭的恶行及不当的手段，所以严格说来，每个人的虚荣心都应该和他的愚蠢等高。

真正的成功，是不会因某些成就而沾沾自喜的；若为所成就的事物感到骄傲，也应该是心存感恩、健康的骄傲，而非不得当的"虚荣"！

虚荣心一旦形成（成熟）后，它所结合的诸多不良的心态、习惯和行为，会让你只看得到眼前，却离成功越来越远。

八、内疚不完全是坏事

如果一个人在铸成大错之后，却没有内疚的感觉，他就不能辨别是非，或者不了解那些行为的是非标准。

有些内疚情绪是遗传下来的，而另一些内疚情绪则是人们在生活中获得的。我们知道，处在不同环境中的人可能具有不同的甚至相反的道德标准。然而，人们在每一个场合都会受到特定道德标准的教育。他如果违背了这种道德标准就会产生内疚。

在某些情况下，内疚情绪是好的，它甚至能激励有德行的人产生美好的思想和行动。内疚情绪配合积极的心态会产生良好的促进作用。但是并非每种内疚情绪都能产生良好的结果。当一个人有了内疚情绪，而又不用积极的心态去消除它，其结果往往是有害的。

伟大的心理学家弗洛伊德说：我们的工作进展得越远，以及我们对神经病患者精神生活的认识和研究越深，我们就越清楚地感觉到，两个新因素迫使我们最密切地注意到它们就是抵抗的来源……这两个新因素，都能包括在我需要得病或我需要受苦的表述中……这两个新因素的头一个就是内疚感或犯罪的觉悟……

弗洛伊德是正确的。因为内疚情绪常常会激发人们去毁灭自己的人生，毁坏自己的身体，或者用别的方法残害他们自己，以赎清他们的罪过。很幸运的是，今天这样的方法很少被采用了，文明国家也不允许人们使用这些方法。然而我们还是能够经常发现与它们极相似的情况，即下意识对他们自己的残害。

下意识心理具有同有意识心理一样能有效的力量，当一个人不用积极的心态去祛除自己的内疚情绪时，下意识心理就能使他受到伤害。

体谅别人是我们每个人应有的品德。婴儿很少注意到别人是否舒适和便利，他想要什么就要什么。但是，他在成长过程中，终会逐渐认识到还有别的人活着，自己必须在某种程度上顾及他们的存在。自私是人的共同特点，我们每个人只有通过成长，逐渐减少自私。当我们长大到足以了解自私是一种不良品行时，我们在只顾及个人利益时，就会感到一阵内疚的刺痛。这是好的，因为当这种情况发生时，或当我们能在使自己愉快和使别人愉快之间进行选择时，内疚能使我们思考问题。

汤姆斯·根住在俄亥俄州克利夫兰城。他6岁的孙子每天傍晚都要跑到街道拐角去迎接他下班回家，这使他很愉快。当孙子迎接到他时，他总是给孙子一小包糖果。

一天，这个小孩迎接到祖父后，充满期望地问道："我的糖果呢？"这位上了年纪的先生力图隐藏自己的哀伤情绪。"你每天都来迎接我"，他犹豫了一下，然后接着说，"仅仅是为了一包糖果吗？"祖父就从衣袋里掏出一包糖果，递给孩子。他们向房子走去，谁也没有说话。这孩子伤心了，显得很不高兴，他知道他伤害了自己所爱的祖父的心。

那天晚上，这个6岁的孩子和他的祖父一起跪下，高声祈祷。祈祷中这个孩子加了一句自己的话："请上帝让祖父了解我爱他。"

这个孩子由于自己所做的事而感到不愉快和痛悔，这是好的。因为不愉快和痛悔能迫使他采取行动，祛除内疚情绪，对他所做的错事做出补偿。

42

九、心存怨恨的人不快乐

一个失败型个性的人，在寻找失败的借口和原因时，往往会责备社会、制度、人生、运气。对于别人的成功与幸福，总是愤愤不平，因为他认为，这些都足以说明生活使他受到不公平的待遇。愤愤不平是企图用所谓不公正、不公平等现象来为自己的失败辩护，使自己感到好过一些。可是实际上，作为对失败者的安慰，怨恨是非常不可取的办法，比生病还糟。怨恨是精神的烈性毒药，它使快乐不能产生，并且使成功的力量逐渐消耗殆尽，最后形成恶性循环，自己并没有多大本领而又非常怨恨别人的人，几乎不可能和同事很好相处。对于由此而来的同事对他的不尊重或者领导对他工作不当的指责，都会使他加倍地感到愤愤不平。

怨恨是使自己觉得自己重要的一种方法。很多人以"别人对不起我"的感觉来达到异常的满足。从道德上来说，不公正的受害者和那些受到不公正待遇的人，似乎比那些造成不公正的人要高明。

心怀怨恨的人，是想在人生的法庭上证明他的公正，如果他有怨恨之感就证明生活对他不公平，而有一些神奇的力量将会澄清那些使他产生怨恨的事情，使他得到补偿。从这个意义上来说，怨恨是对已发生之事的一种心理反抗或排斥。

怨恨的结果是塑造劣等的自我意象。就算怨恨的是真正的不公正与错误，也不是解决问题的好方法，因为它很快就会转变成一种习惯情绪。一个人习惯于觉得自己是不公平的受害者时，就会定位于受害者的角色上，并可能随时寻找外在借口，即使对最无心的话、在最不确定的情况中，他也能很轻易地看到不公平的证据。

习惯性的怨恨一定会带来自怜，而自怜又是最坏的情绪习惯。这个习惯已根深蒂固，如果离开了这个习惯，就会觉得不对劲、不自然，而必须开始去寻找新的不公正的证据。有人说这类人只有在苦恼中才会感到适应，这种怨恨和自怜的情绪习惯，会把自己想象成一个不快乐的可怜虫或者牺牲者。

产生怨恨的真正原因是自己的情绪反应。因此，只有自己才有力量克服它，如果你能理解并且深信：怨恨与自怜不是使人成功与幸福的方法，你便可以控制住这种习惯。

一个人有怨恨之心，他就不可能把自己想象成自立、自强的人，他就不可能成为自己灵魂的船长、命运的主人。怨恨的人把自己的命运交给别人，把自己的感受和行动交给别人支配,他像乞丐一样依赖别人。若是有人给他快乐他也会觉得怨恨,因为对方不是照他希望的方式给的;若是有人永远感激他,而且这种感激是出于欣赏他或承认他的价值,他还会觉得怨恨,因为别人欠他的这些感激的债并没有完全偿还;若是生活不如意,他更会觉得怨恨,因为他觉得生活欠他的太多。

十、消除病态的恐惧

正常的恐惧和病态的恐惧两者之间有一定的区别,弗洛伊德给出了一个绝妙的解说:一个人置身于非洲丛林,看见蛇会感到恐惧,这是很正常的事,这种恐惧感有利于保护自己。但如果一个人居住在房间里也感到恐惧,以为在他的房间里有一条蛇正藏在地毯下面。那么,我们可以说这种恐惧就是病态的、不正常的。弗洛伊德的理论对理解人类的心理是极有帮助的,这种理论可以用来考察我们一般人的恐惧心理。如果一个非洲贫穷国家的母亲害怕自己的孩子会因饥饿而死,这种恐惧感是正常的;但在美国,如果一个富有的母亲告诉别人,说她的孩子将会因为营养不良而饿死,这种恐惧就是病态的、不正常的。其实,这种恐慌心理可能根源于她平时的愧疚、恐惧和仇恨。

其实,我们很多的恐惧就是像上述那样产生的。让我们仔细研究一下我们对自身状况的许多焦虑,它们就像弗洛伊德所说的地毯下的蛇一样,是人幻想出来的。有时候我们会担心自己的健康,怀疑自己患上了什么重病,为此深感焦虑和不安。我们担心自己的心脏、血压、肺部是不是出了什么问题,害怕失眠。如果有一点很轻微的症状,我们就开始摸自己的脉搏,力图寻找证据来证明自己生了什么大病。我们不是为自己的身体健康焦虑,就是为自己的性格担心。我们缺乏自信,犹豫不决,因为失败而唉声叹气。我们觉得自己低人一等,认为别人的见解远比自己高明,自己只不过是他们嘲笑的对象罢了。这样的话,我们的精神世界就会变得黑暗、没有光明、没有温暖。我们感觉不到别人对我们的赏识,感觉不到友情和爱情的美丽,感觉不到家庭生活的欢乐。

　　我们对自身感到不安，为自己可能的失败和潜在的危险而焦虑，这种不安和焦虑常常会改头换面以其他形式表现出来。为最亲近的人忧虑，是一种对自身忧虑的替代和转移，替代了我们对自身的忧虑。很多母亲会为女儿的道德操守而担心，这只不过是一种假象。实际上，这位母亲潜意识里对自身的道德深感疑虑，烦恼不已，不过想寻找某种替换而已。我们常常听到商人抱怨税收太重，攻击政府。那些人认为，这些外在的、毫不相干的事件导致了自己沮丧忧郁的心境，但实际上，他们焦虑的真正根源仍潜藏在他们自己的内心深处。

　　我们必须认识到，焦虑会利用各种各样的伪装来掩盖自己。有时候，这种焦虑会演变为恐惧症——害怕高地，害怕禁闭的房间。现代心理学追溯到人们童年时代隐秘的记忆，揭示了人们恐惧感的真正心理根源。很多人过着忧郁不安的生活，有时候独自一人会感到非常恐惧；而有时候却远远地避开人群，害怕进入他们的圈子；有时候一想到失去别人的爱和尊重，会战栗不已，害怕遭到别人的轻视和抛弃。

　　如果女人害怕爱，感情就会枯萎，她就会变得像一尊冷漠的大理石像一样；男人害怕成功（实际上，我们许多人是害怕成功的），便会过着醉生梦死的生活，耗费自己的青春。卡尔·蒙尼格在他的名著《反对自己的人》中写道，现代人陷入一种群体性的恐惧，仿佛害怕自己变得成熟，害怕自己取得成就。灵魂承受着恐惧和负罪感的折磨，就是为了让自己失败！

　　有时候，恐惧感会引起肉体上的痛苦，我们便会用肉体上的痛苦来掩藏内心的恐惧。这一点，常人难以察觉。研究身心关系的医学表明，全部疾病，从普通的感冒到关节炎，通常是由人们深层的恐惧心理造成的。事实上，艺术家和小说家早就看出了这一点。托马斯·曼在他的巨著《魔山》里描写了很多这样的例子。他们过于敏感，非常恐惧，借着与肺结核做斗争来逃避现实中的奋斗。当然，与现实生活中需要勇气的战斗、抗争和挣扎相比，生病自然要容易得多。我们现在明白了，有些慢性病患者实际上是害怕现实中的抗争和奋斗，潜意识中想让自己生病，在疾病中可以寻求到安慰和舒适。疾病对于他们来说，只不过是个巧妙的借口罢了。

45

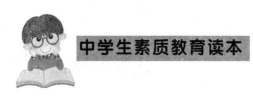

十一、看到自己的长处

对于一个人来说其最难做到的就是能否真正做到正确地认识自己，欣赏自己，与自己和谐地相处。通常人们总是喜欢用大众的评价标准来要求自己，框定自己。常常会看到别人是如何如何的优秀而看到自己的缺点与不足。其实质上，看到自己的长处使自己更好地发展下去是十分重要的，同时还不至于使自己陷入失败者的阴影之中，从而使自己快乐起来。

曾有一位朋友，在大众的眼里，长得是胖了点，然而却非常的可爱。她工作非常出色，人缘也很好，年纪并不大，年收入就达到 15 万以上了。可她就是跟自己过不去，采用各种方法减肥，花去 10 万元不说，一点儿效果也没有。如今她终于想明白了，若有所悟地对我说："上帝是公平的，他赐予我胖胖的身体，却在其他方面最大限度地补偿了我。我发现自己做什么事都很顺，机会运气也很好。"笑容真正地回到了她的脸上，那一刻她发现了自己是多么的迷人。

有一位歌唱家长着一副暴牙，她为此感到非常的自卑、苦恼。每次演唱的时候，总是试图掩盖自己的缺陷，然而却一直没有成功。直到后来她终于改变了自己的想法，认为暴牙能够转化为独一无二的优势的时候，她大胆地露出了暴牙，全心全意地去演唱，后来人们为她那极具张力的个性所深深吸引，她终于走向成功。

医学之中有一个跨栏定律说的是：每当你自身有某个缺陷的时候，必定会有其他优势进行补偿，只是需要你去努力发现而已。蚂蚁难道能与大象相比吗？蚂蚁能和大象相比些什么呢？可以想象，一只小小的蚂蚁怎么能和身躯庞大的大象相提并论呢？是不是有点儿太自不量力了，它们之间的反差太大了啊。但是如果换个方式比的话，会怎么样呢？比如说，不比力气大小，就比一下谁的身体小，蚂蚁能够在小孔里自由地钻进钻出，而大象对这却只能干瞪眼了，这种情况下蚂蚁就具有了一定的优势。又有人会说，你这不是强词夺理吗？哪有这样的比法。那就再换个方式比较一下看看。蚂蚁虽小，但它能够轻松搬动几倍于自己体重的物体，大象却无论如何做不到这一点。由于它本身的体重巨大，它的力气固然非常的大，然而如果让它搬动比自己体重大几倍的物体却如何也做不到。对于这点，小小的蚂蚁却毫无疑问地又胜过了大象。

世上本没有十全十美的东西，即使你的本事再大，你也总会有不如别人的地方，同样的道理，即使你再怎么不行，也总有比别人强的地方。也许你先天有智力障碍，但你拥有音乐天赋，通过拼搏，说不定你能成为一位小提琴手，也许你今生都无法走路，但是只要你拥有一颗聪明的脑袋，通过努力，你很有可能会成为一位成功人士。

尺有所短，寸有所长，重要的是你能否正确地对待自己，认识到自己的优缺点所在。每个人都有自己的优点和缺点，在任何时候，我们都需要善待自己，理解自己，掌握自己，不要只看到自己的优势和长处，也不要只看到自己的短处和不足。正像有人说的，消极时想想自己的长处，得意时想想自己的不足，只要心态平和！不要刻意地去关注自己的不足，其实人人都有缺陷，我们需要做的就是把握和发挥自己的长处，取人之长补己之短，用长处去弥补自己的不足。即使无法和别人相比也没有什么要紧，人的一生其实就是充满着机遇与挑战的，在人生的许多时候，如果你能换个角度去看待的话，那么你自身的短处与不足就有可能正是你的优势所在，就看你如何去发挥了。

因此，我们应该学会为缺点而欢呼，因为缺点未必是缺点，如果真是缺点的话，必有一补偿性的优点存在，只要你能够发现它，就一定能够取得更大的成功。

曾经有人说：一个人最大的敌人是自己，最难战胜的人是自己。

让我们试着发现自己，试着重新认识自己，由此我们便会慢慢地喜欢自己，学会欣赏自己，学会了爱自己，一种内在的力量便产生了。

明白这一点后，我们不再以自己的标准去要求别人了，不再以自己的眼光去看待别人，于是我们学会了欣赏别人，发现别人的优点，人际关系自然走向协调。越来越多的人愿意与你合作、生活。

47

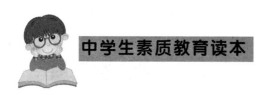

十二、善于发现生活中的美

"爱美之心，人皆有之"。生活中的美就存在于大千世界之中，需要我们用全部的心去感受，那你就会知道原来美就在我们的身边。著名雕塑家罗丹说过："这个世界并不缺少美，而是缺少发现美的眼睛。"可能会有人抱怨人生之旅的坎坷，人情世故的冷漠。然而，殊不知他们在这种生活中常常会把自己推向一个无情的沙漠里，生活对于每个人来说都是美好的，对于热爱生活的人则更是如此。生活往往是琐碎繁杂的，有时甚至如同一杯苦酒。可是你如果有勇气举起这杯酒，等到你把这杯苦酒慢慢饮尽的时候，那么你自然就会发现苦涩中蕴涵着甘甜的美。

什么是美？美就是生活当中的人与人之间情感交流的那份感动，生活是战胜困难、挫折后成功的喜悦，是勇气、是信心、是饮完那杯酒后苦尽甘来的心情；生活是那只在大海中航行的小船，迷路时有灯塔为你指引前进的方向；生活是沙漠中的行者，口渴难耐时会有人捧上甘冽的清泉。哦，生活需要勇气、需要美德、需要真诚，你将载满所有美德，献出自己的一份美，世界将会由你而变得不同。我国是一个具有优秀文化传统的文明古国，鲁迅先生说过：我们国家自古以来就从不缺乏优秀的传统美德，有为民服务的人，有埋头苦干的人，有鞠躬尽瘁的人。在改革开放的今天，我们将更要求发扬我国优秀的文化传统、优良美德。只要我们每个人都奉献出自己的一份真诚，那么美就在你我身边！

当一片枯叶从枝头飘落，在空中划出一道生命的轨迹，这是美。

当你站在一潭绿水边，享受清新脱俗，这是美。

当你站在海边，尽情体味那震撼人心的声音，这也是美。

世上并不缺少美，缺少的是发现，是追求。

对美的执着是一个人的品质、修养和气度的体现，追求美需要勇气，需要打破陈规。作为一名新时代的青年，对于美，敢爱敢恨，敢追敢弃才是我们应有的品格。

给你正能量

世上并不缺少美，缺少的是追求，是发现。送你一双善于发现的眼睛，你会找到美。

美是朴素的，耐人寻味的朴素；美是平淡的，一种返璞归真的平淡；美是单纯的，从复杂中体现出的单纯。

美是早晨的雾；美是流水潺潺；美是心中永远的微笑……

晚上，去看看日落或黄昏，夕阳是多么绚烂，被晚霞笼罩着渐渐沉入山的那边。黄昏，已近黑夜，深蓝色的天空或许还没有星星的点缀，但会显得更加静谧，更加深邃。

学会发现美，不仅可以使你的眼睛中留下绚烂的景色，也能舒畅心情，成为你心灵中一处美丽可爱的景点。

生活中的美很多，期待着你的发现。

有这样一个故事：斯蒂芬来到了亚利桑那沙漠的第一个夏天，想自己一定会被热死的。40℃的高温好像快要把人给烤熟似的。

在第二年四月份，斯蒂芬就开始为如何过夏天而担忧，地狱一样的三个月生活马上又要来临了。有一天，当他在凤凰城的一个加油站给车加油的时候，与加油站的主人希普森先生一起聊起这里可怕的夏天。

"哈哈，你千万不要这样为将要到来的夏天而担忧。"希普森先生善意地责备着斯蒂芬，"现在对炎热的害怕只能使夏天开始得更早、结束得更晚。"

当斯蒂芬付钱的时候，他忽然意识到希普森先生所说的话很对。在自己的感觉中，夏天不是已经来了吗？从这之后它便开始了为期五个月的肆虐。

"就像迎接一个惊人的喜讯那样地对待酷暑的来临，"希普森先生说着找给斯蒂芬零钱，"千万别错过夏天带给我们的各种美好的礼物，而对于夏天的每一种的不适都躲在一个装有空调的房间里了。"

"夏天还有美好的礼物？"斯蒂芬急切地问？

"你从不在清晨五六点起床？我发誓，6月的黎明，整个天际挂着漂亮的玫瑰红，就像少女羞红的脸。8月的夜晚，满天的繁星就好像是深蓝色的海洋里漂浮的

49

流水。一个人只有当他在华氏 40℃的高温里跳进水里，他才能真正地享受到游泳所带来的乐趣！"

在希普森先生去给另一辆车加油的时候，站在他身旁的一位年轻加油工轻声地对斯蒂芬说："好啊！你今天得到了希普森的特别服务——免费传授他的人生哲学。"

使斯蒂芬感到十分惊奇的是，希普森先生的话果然有效。他不怕夏天了，4月和 5月也就自动与炎炎夏季区分开了。当高温天气真的到来时，清晨，斯蒂芬在天堂般的凉爽中修剪玫瑰花；下午，他和孩子们舒舒服服地在家里睡觉；晚上，他们在院子里玩棒球游戏，做冰激凌吃，痛快极了，整个夏天，他还在野外欣赏了沙漠日出所特有的壮观景象。

过了几年以后，斯蒂芬一家便搬到北部的克来兰德，不到 9月，邻居们就为过冬担忧了。当 12月的大雪真的落下时，他们的孩子，10 岁的大卫和 12 岁的唐真是兴奋极了，他们忙活着滚雪球，他的邻居们都站在一旁盯着看这两个从来就没见过雪的愣头愣脑的沙漠小子。

到了后来，孩子们都坐着雪橇上山滑雪，去湖面滑冰，回来之后，大人、小孩都围坐在斯蒂芬家的壁炉旁，津津有味地吃着热巧克力。

一天傍晚，一位中年邻居感慨地说："多年来，雪只是我们铲除的对象，都忘了它还能给我们带来如此多的快乐呢！"

过了几年之后，他们又搬回沙漠。斯蒂芬开车到加油站，新主人告诉他希普森先生因年事已高把加油站卖了，在不远处又经营了一个小型加油站。

斯蒂芬便把自己的车开到了那里，拜访希普森先生，并让他给自己的车加油。他更瘦了，满头银发，然而他以往的愉快的笑容依旧。斯蒂芬问他如今的生活过得如何。

50

"我一点儿不担心变老，"他说，"在这里欣赏生活的美实在是一件十分快乐的事情！"

希普森一边擦手，一边说："我们有三棵果实累累的桃树，卧室窗外还有一个蜂鸟窝，想想还没有我指头大的美丽的小鸟，看上去真像一只小企鹅。"

　　希普森开着发票，继续说："黄昏时，长耳朵大野兔奔跑跳跃；月亮升起来时，小狼在山坡上成群出现。我从来没有看到有这么多野生动物在春天活动。"斯蒂芬开车离开时，他向斯蒂芬喊道："去观赏吧！"

　　回家的路上，希普森这位可爱的老人的幸福秘诀一直回荡在斯蒂芬的脑际。是呀，尽管生活会给人带来种种烦恼，但主要的是，你要学会发现和欣赏生活中的美……

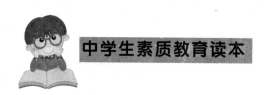

第三章 跨越过人生的痛苦

一、埋葬昨天才能换来明天

过去属于死神，未来属于自己。

——雪莱

人的一生中，谁都不可能是一帆风顺的，都会遇到一些或大或小的麻烦和挫折。面对这些问题，每个人都会有一套自己的解决方法，一个人看看书，听听音乐，或者干脆跑到街上转转，然后第二天照常投入到工作和学习中。当然也不排除沉浸在痛苦中无法自拔，并苦苦地追问答案。

其实，昨天并不能代表什么，不管昨天有多长，也不管是受到挫折，还是取得辉煌，都只能代表过去，既不能代表现在，更不能代表将来。过去的成败，只代表过去，未来要靠现在。过去成功了，不等于未来还会成功；过去失败了，也不等于未来还会失败。成败都不是结果，它只是人生过程中的一个事件。人生最重要的不是你从哪里来，而是你要到哪里去。不论过去怎么不幸，如何平庸，都不重要，重要的是你对未来必须充满希望。只要你对未来充满希望，你现在就会充满力量。

所以，把过去忘掉吧，过去的一切都已经过去了，我们也根本不可能再回到过去，我们应该把过去深深地埋掉，迎接我们的才会是崭新的明天。

一个人不必为昨天的挫折失败而颓丧气馁、萎靡不振，也不必为昨天的胜利辉煌而沾沾自喜、狂妄自大。只有把昨天的挫折与辉煌都当作走向明天的垫脚石，作好走向明天的思想准备，才能顺利到达更加美好的明天。

曾经有这样一个青年，他原来生活奢侈，挥金如土。后来他意识到自己应该去过一种奋发向上的生活，便毅然告别那段纸醉金迷的日子。他勤奋写作，笔耕不辍，终于成为举世闻名的文学家。这个青年就是俄国大文豪列夫·托尔斯泰。

过去属于死神，未来属于自己。过去与未来永远不能画等号，因为昨天的阳光灿烂不代表明天的阳光明媚；昨日的失去不代表明日的失败；昨天的光辉历史不代表明日的卓越成就。

有个神童叫宁铂，他14岁就考取了中国科技大学少年班，那时候全国的孩子都把宁铂看作自己学习的榜样，都希望自己能成为第二个宁铂，微软亚洲研究院的院长张亚勤就是其中的一个。宁铂是神童，但是所谓的神童只是说他在14岁考上了中国科技大学少年班，而后他并没有继续努力，总是沉醉在神童的光环里，连硕士研究生考试都不敢参加，最后竟然为了逃避现实出家了。张亚勤也是神童，他在15岁考入中国科技大学少年班以后，就把神童这顶闪着光环的帽子扔掉了，一如既往地努力，最后成为计算机行业的领军人物。

神童是什么？只是一个"称号"而已，如同一个人的名字一样。一味地沉浸在过去，只能让自己停止前进的脚步。所以，请把你的过去交给死神，把未来留给自己。要是永远留恋过去，我们也将失败一生。让过去成为历史，才能展望美好的未来！

"过去不等于未来"的观念，要求我们用发展的眼光看待自己、看待成功。成功与目前的境况无关，过去的都过去了，关键是未来。因为过去不管是快乐还是伤心，注定已经烟消云散，一切都变得无迹可寻。

我们的生命在日复一日的循环中慢慢地成长和完善起来，不要让昨天的记忆活在现实中，不要留恋并徜徉于过去，新的生活需要我们有新的感悟。我们要在不同的时代有不同的领悟，才能充满生机地去迎接生命中每个新的开始。

有这样一个寓言故事：乌鸦、海鸥和麻雀听说大海是个广阔的市场，有很大的发展前景，到那里的人们都能挣到很多钱。为了能够跨入富人的行列，它们三个决

53

定一起去闯荡一番。

乌鸦想做服装生意，于是进了各式各样的衣服。海鸥想："海上的人食物很单调，我就贩卖罐头吧，不会变质，肯定受欢迎。"麻雀也变卖了所有的家当，又四处奔波，东挪西借，凑到一笔本钱带上了。于是，它们怀着各自美好的梦想上船了。

但是，事情并没有它们想象的那么顺利，它们的美梦很快就破灭了，一场突如其来的暴风骤雨把它们的船打翻了。麻雀装本钱的箱子，还有乌鸦和海鸥的货物全都沉到了海底。唯一幸运的是，它们三个都平平安安地回到了陆地上。

这一场风波对它们三个的打击都非常大，它们都不甘心梦想就这样破灭了。乌鸦一直在想，说不定自己的衣服被海上的人捡到了穿在身上，于是派它的亲戚朋友站在路边，有人路过就拉住不放，看看究竟是不是自己的衣服；麻雀垂头丧气，担心遇到债主，白天就躲藏起来，到了夜深人静的时候才谨慎地出来觅食；海鸥也心有不甘，整天在海上盘旋，琢磨着罐头可能会沉到什么地方，时不时潜下水去寻找。就这样，它们三个一直在寻找和躲避已经逝去的东西，却没有想过怎样才能结束过去，重新开创未来。所以直到它们老去，仍然一事无成。

失败对于任何人来说都是件苦不堪言的事，没有人不希望站在成功的领奖台上，享受鲜花和掌声。可是，要想成功，就必须忘记昨天的失败，把每天都当作是一个崭新的开始，彻底地忘记过去，才能看见明天的太阳。对过去耿耿于怀，只能痛苦一生；展望明天，翻身的机会就会到来。

二、一失足未必成千古恨

对于失足，每个人都有自己的看法，但人们最经常做的却是从客观上找理由，古人经常归咎于上天不公或命运不济，现代人则经常归之于运气不好，但这些多半是托词、是借口。失足是痛苦的，是令人悲伤的，但更痛苦的是失足之后的束手无策，是失足后的不能警醒。一个人失足多半是他自己造成的，至少可以说绝大多数失足都与自己有关，与自己的个性或失误有关。要不就是因为方法不当，措施不力，即使有种种客观因素在内，但自己仍然不能推卸责任，最起码是自己没有看清形势造成的。

《战国策》中云："圣人之制事也，转祸而为福，因败而为功。"失足既可以成为埋葬一切的坟墓，也可以成为"而今迈步从头越"的起点，关键就在于你是否明白，学会放下你的失足所造成的不良结果。实际上，只要学会放下，失足将不再是你成功的障碍；学会放下失足造成的失败，只要你变换一下方向，你就有理由重新开始。

然而，现实中的人们却大多不能正视失足，不能找出失足的真正原因，认为失足就永远是失足，不会转化为成功。实际上失足并不可怕，跌倒了爬起来就是了。怕的是被失足打倒；怕的是一朝被蛇咬，十年怕井绳；怕的是失足后千方百计推卸责任，不能很好地反思总结失足的教训。

因此，面对失足我们该做些什么，就成了失足后最应该考虑的问题。最简单、最正确的办法就是勇于正视失足，找出失足的原因，加以改正后，学会把失足放下，用正确的心态树立重获新生的信心。只有这样，你才能从失足的泥潭中挣脱出来，走向成功，走向辉煌。

英国著名哲学家弗兰西斯·培根在詹姆斯一世统治时期，可谓是官运亨通，青云直上，很是风光。曾先后数次担任宫廷显要职务，因为有才干，很得国王赏识，连续多次被授予贵族封号。可是正当他平步青云，春风得意之时，1621 年他因贪污受贿罪，被英国高级法庭判处罚金 4 万英镑，并监禁于伦敦塔内，出狱后，他被逐出朝廷，不得再担任任何官职，不得参与议会。

培根脱离政治生涯后，开始专心著述，先后提出了具有开创意义的经验认识原则和经验认识方法，还相继提出了"要命令自然，就要服从自然""知识就是力量"等一系列对后人影响深远的至理名言。在其一系列作品中，他把矛头直接指向经院哲学，在反对经院哲学的斗争中，他建立了自己的唯物主义经验论，认为感性认识与理性认识的结合是非常重要的，从而成为归纳法的创始人。

55

曾经的失足让培根成就了其非凡的业绩，成为英国唯物主义和整个现代实验科学的鼻祖，对人类哲学、科学乃至思想做出了重要的、具有历史意义的贡献，并成为英国 17 世纪伟大的唯物主义哲学家、世界哲学史和科学史上具有划时代意义的人物。正是这次遭遇，让培根最大限度地开发了自己的另一面，使之成了在人类思想史上占有重要地位的一代巨人，成为一名被后人永远铭记的哲学家。如果没有这次经历，培根或许会在自己的高官厚禄之中终其一生，而我们将永远都不会有机会和理由去记住在 17 世纪的欧洲，曾有过一位叫培根的显要人物。

培根用他的成就让人们了解了失足并不可怕，可怕的是失足后依然将其挂在心上，不懂得放下，看不到放下后的广阔天地。虽然在人生的征程中，没有一个人注定要过一种失足的生活，也没有一个人注定要过一帆风顺的生活，但是即使失足了也并不意味着天塌下来了，只要你懂得放下，失足不仅可以使你学到并深刻体验到许多真知灼见，还可以使你认识到自己的能力与局限，更清楚地了解自己努力方向。

人们在生活中注定要承载太多的不尽人意，既然如此，为什么不学着放下？过去的已经无法改变，一直放不下过去，你又如何去开拓未来？从这个意义上来说，放下就是生活的一种技巧，也是生活对自己最大的呵护。要知道一个能够在逆境中微笑的人，要比一个一面临艰难困苦就崩溃的人伟大得多。无论你遭遇的事情是多么的糟糕，你都应该试着去放下，不要让自己一味地沉浸在悲伤中，否则你只会让消极情绪驾驭你的思想，让你无法从不幸中解脱出来。

失足之后，一味地让自己沉浸在悔恨之中，完全是于事无补的，正确的心态就是放下心里的包袱，克服失足后的不良心理，把悔恨变为前进的动力，努力改正所犯的错误，弥补这个错误造成的损失。放下心理的障碍，开阔自己的胸怀，走出自我封闭状态，主动敞开心扉，倾听人们善意的劝告，让亲朋好友帮助自己找出自身的缺点与不足，放下成见，放下自己的敌对心理，用平常的心态去面对一切，你就会找回因为失足而丢失掉的自信，从而为自己提出更高的目标。失足之后重新再来，这就是放下的力量。

人的一生中要经历无数的风风雨雨，也许每时每刻都会遇到各种各样的问题，若不理解"一失足成千古恨"这个千年古训，也许就会在一些问题上产生偏激的想法，如果不及时学会放下，放下自己急于求成又脱离实际的想法，就会做出让自己后悔的事情。但失足后如能够学会放下，让心态保持平和，就会发现一失足未必就成千古恨。

三、最糟，不过从头再来

不断探究是成功之母，从头再来是成功之父。

——爱迪生

"失败是成功之母"早已成为人们生活中的座右铭。而"从头再来是成功之父"，既包含了"失败是成功之母"的意思，又显得具有不怕挫折、奋发向上的积极态度！人生的精彩在于积极的态度，人生的可贵在于永不言败。我们要用积极的态度处理一些消极的事情，不惧怕失败。

1996 年，于娟下岗了，当时她是原西南工具总厂游标卡尺装尺工，可如今的于娟，是贵阳市的名人。她有很多"头衔"：国务院授予的"全国青年兴业领头人"，省"十大下岗创业明星"，省个协、私协美容美发委员会副会长，娟娟美容院院长。可是，提起于娟 5 年的创业历程，她自己都说，在开美容院之前，她是一个不成功的"商人"。

西南工具总厂进入困难时期，于娟与丈夫一起息岗待工，两人的收入已不能支撑家庭开支。看着上学的女儿，多病的母亲，正上大学的妹妹，于娟与丈夫商量后决定，自己去做生意，丈夫则继续待工。下岗后，于娟像很多下岗职工一样，首先想到的就是摆地摊，批发小百货来卖。每天，她蹲在路边，守着小摊，眼巴巴地盼着有人光顾。就这样看着来来往往的人群守了一个月，连盒饭都舍不得买，可到最后算账时，竟还亏了几十元。小百货不好卖，就卖别的吧。于娟从家里挤出 120 元，从水果批发市场批发了樱桃来卖。可这回，樱桃一颗颗烂在家里，紧赶着处理，还

57

是亏了 50 元。卖用的、吃的都赔钱，于娟又改卖穿的。东挪西借后，她去进了一批皮鞋，每天她把几大捆鞋装在蛇皮口袋里，用自行车驮着，四处叫卖。

一个秋雨潇潇的傍晚，她去卖鞋，艰难地在凹凸不平泥浆四溅的路上骑行。这时蛇皮袋绞入后车轮，她连人带车栽倒在烂泥中，几次想爬都爬不起来。正好一个钓鱼的老人路过，将她拉了起来，还帮她把散落在地的皮鞋捡起来。就这样，皮鞋生意也半途而废了。家里也没有钱让她再去"折腾"，经朋友介绍，她到某化妆品公司当了化妆品推销员。由于长期的风吹日晒，东奔西跑，于娟患上了严重的胃病和美尼尔氏综合征，脸部皮肤粗糙，还有大块的黄褐斑。以这样的形象去推销化妆品，就有顾客公开奚落她："看看你自己的样子，居然也来搞化妆品推销。"

于娟没有气馁，她觉得很多人下岗后不再创业是因为不肯放下国企职工的架子，这对于她来说不算什么，生活嘛，谁还不得过几道坎，她一定能干好。于是，于娟每天穿梭于大街小巷，苦口婆心推销，终于使自己的生意有了转机。但是，顾客的奚落一直是她胸口的病，也让她看到商机——美容业。于是，于娟放弃了已能养家糊口的推销工作，到一家美容院当起一个月只有 150 元工资的"学徒"。在美容院打工三个月，是她学习的三个月，她全部的工资都变成了相关书籍，加上师姐的指点，她的技艺突飞猛进。三个月时间，这家美容院已不能满足她的求知欲，在丈夫的支持下，她变卖了家中唯一的电器——电视机和部分家具，来到贵阳一家专业美容美发培训中心学习，拿到了高级美容师证书。学成后，于娟借了 1 万元，租了一间 12平方米的门面，开了只有两张美容床的"娟娟美容院"。

有了自己的目标，有了自己的天空，于娟更加努力，摸索出一套属于自己的洗脸按摩手法，更在化妆、文眉上有了很大的提高。从此，于娟的生活步入坦途，生意越做越大。现在，于娟的美容院更名为美容美发形象中心，有 240 平方米，上下两层楼，有员工 10 余人，美容床 21 张，有自己的美容美发培训学校。

于娟成功了，回忆自己的创业历程，她说道："想想这一生那么艰难的路都走过来了，还有什么好害怕的，最糟，也不过从头再来嘛！没什么大不了的。"

不管遇到什么我们都要有信心去面对，其实做任何事情都会遇到一定的困难，困境和挫折不一定都是坏事，它会让我们的脑子更加清醒，思想更深刻。

人生的路从来不会是一帆风顺的。别人的路不是自己的路，只有自己去走了，才会有了自己的路。面对一些坎坷时不要退缩，不要气馁，一次不行，我们可以两次，两次不行也不要灰心，要记得，大不了，我们从头再来，从零开始。

四、生命因顽强而美丽

普希金曾说："生命如海水，不遇礁石难以激起美丽的浪花。"人生如果不遇到一些困难，没有任何挫折，只能是平淡无奇的。生命之美正源于它的顽强。

一个屡屡失意的年轻人千里迢迢来到普济寺，慕名寻到释圆法师，沮丧地说："像我这样屡屡失意的人，活着也是苟且，有什么用呢？"释圆法师如入定般坐着，静静听着这位年轻人的叹息和絮叨，什么也不说，只是吩咐小和尚："施主远途而来，烧一壶温水送过来。"小和尚听了师傅的话就照办了。

一会儿，小和尚送来了一壶温水。释圆法师抓了一把茶叶放进杯子里，然后用温水沏了，放在年轻人面前的茶几上，微微一笑说："施主，请用些茶。"

年轻人俯首看看杯子，只见杯子里微微地袅出几缕水汽，那些茶叶静静地浮着。年轻人不解地询问释圆说："贵寺怎么用温水冲茶？"

释圆法师微笑不语，只是示意年轻人说："施主请用茶吧。"年轻人只好端起杯子，轻轻喝了两口。

释圆法师说："请问施主，这茶可香？"年轻人又喝了两口，细细品了又品，摇摇头说："这是什么茶？一点儿茶香也没有呀。"

释圆笑笑说："这是闽浙名茶铁观音啊，怎么会没有茶香？"年轻人听说是上乘的铁观音，又忙端起杯子吹开浮着的茶叶喝了两口又再三细细品味，还是放下杯子肯定地说："真的没有一丝茶香。"

释圆法师微微一笑，吩咐小和尚说："再去膳房烧一壶沸水送过来。"小和尚

59

又照办去了。一会儿，便提来一壶壶嘴吱吱吐着浓浓白汽的沸水进来。释圆法师起身，又取一个杯子，撮了把茶叶放进去，稍稍朝杯子里注了些沸水放在年轻人面前的茶几上。年轻人俯首去看杯子里的茶，只见那些茶叶在杯子里上上下下地沉浮，一丝细微的清香便从杯子里溢出来。

闻着那清清的茶香，年轻人禁不住欲去端那杯子，释圆微微一笑说："施主稍候。"说着便提起水壶朝杯子里又注了一缕沸水。年轻人再俯首看杯子，见那些茶叶上上下下、沉沉浮浮得更杂乱了。同时，一缕更醇更醉人的茶香也袅袅地升腾出杯子，在禅房里轻轻地弥漫着。接着，释圆法师这样注了五次水，杯子终于满了，那绿绿的一杯茶水，沁得满屋津津生香。释圆法师笑着问道："施主可知道同是铁观音，却为什么茶味迥异吗？"

年轻人思忖说："一杯用温水冲沏，一杯用沸水冲沏，用水不同吧。"

释圆笑笑说，用水不同，则茶叶的沉浮就不同。用温水沏的茶，茶叶就轻轻地浮在水上，没有沉浮，茶叶怎么会散逸它的清香呢？而用沸水冲沏的茶，冲沏了一次又一次，茶叶沉了又浮，浮了又沉，沉沉浮浮，自然就释放出了它春雨的清幽、夏阳的炽烈、秋风的醇厚、冬霜的清冽。

法师说出了一条人生重要茶道：生命如茶，不经历风风雨雨的人生平淡无奇，不能散发出生命本身的清香。而那些饱经沧桑的人们，如被沸水沏了一次又一次的酽茶，总能显示出生命顽强的香气。沉沉浮浮之间，自透一缕清香。

还有一个故事。在英国的萨伦国家船舶博物馆里有一艘浑身都是"伤"的船，这艘船1894年下水，在大西洋上曾138次遭遇冰山，116次触礁，13次起火，207次被风暴扭断桅杆，然而它从没有沉没过。

不久前，有一位律师来此观光，当时他刚刚打输了一场官司，委托人因为经受不住打击而自杀了。尽管这不是他第一次失败，也不是第一次遇到自杀事件，但是在他的心里还是有一种负罪感，不知道该怎样安慰这些在生意场上遭受不幸的人。当他看到这只船时，仿佛看见了一种生命的顽强。于是，他就把这艘船的历史抄下来和这艘船的照片一起挂在他的律师事务所里。每当商界的委托人请他辩护，无论输赢，他都建议他们去看看这艘船，并告诉他的委托人：在大海上航行的船是没有不带伤的。

生命就是这样因为顽强所以美丽，不要抱怨我们遍体鳞伤，因为我们选择了在辽阔的大海上远航；不要抱怨人生有太多的沉沉浮浮，因为那是我们要释放出生命本身的魅力。

五、命运，让你变得刀枪不入

在我们的生活中总是有一群"倒霉的人"，命运对他们似乎总是不公平，他们的努力总是不能得到回报，事情总不能如愿以偿。这时候，这群人会有两种发展情况，一部分人会在这样一个残酷的现实面前倒下，破罐子破摔，失去进取的信心；另外一部分人则会选择倔强地与命运的"不公平"抗争，直到他们胜利为止。

有这样一个人，因为家里很穷，没有钱供他读书，在初中时就辍学回家了，帮助父亲耕种三亩薄田。19岁那年，父亲又去世了，家庭的重担全部压在了他的肩上。他要照顾身体不好的母亲，还有一位瘫痪在床的祖母。

20世纪80年代，农田承包到户，小伙子觉得机会到了，他要靠自己的智慧和勤奋来改变贫穷的命运。他把一块水洼挖成池塘，想养鱼，但乡里的干部告诉他，水田不能养鱼，只能种庄稼，他只好又把水塘填平。这件事成了一个笑话，在别人的眼里，他成了一个想发财但又非常愚蠢的人。

听说养鸡能赚钱，他向亲戚借了500元钱，养起了鸡。但是一场无情的洪水过后，鸡得了鸡瘟，几天内全部死光了。500元对别人可能不算什么，对一个只靠三亩薄田生活的家庭而言，不啻天文数字。他的母亲受不了刺激，竟然忧郁而死。

面对命运的不公，他并没有失去生活的信心。后来他酿过酒，捕过鱼，甚至还在石矿的悬崖上帮人打过炮眼……可都没有赚到钱。35岁的时候，他还没有娶到媳妇。即使是离异的有孩子的女人也看不上他，因为他只有一间土屋，随时有可能在

61

一场大雨后倒塌。娶不上老婆的男人，在农村是没有人看得起的。但他还想搏一搏，就四处借钱买来一辆手扶拖拉机。不料，上路不到半个月，这辆拖拉机就载着他冲入一条河里。他断了一条腿，成了瘸子。而那拖拉机，被人捞起来，已经支离破碎，他只能拆了它，当作废铁卖掉。

一个这样不受老天眷顾，如此倒霉的人，几乎所有的人都说他这辈子完了。但是后来他却成了一家公司的老总，手中有两亿元的资产。现在，许多人都知道他苦难的过去和富有传奇色彩的创业经历。很多媒体采访过他，许多报告文学描述过他。有一次的采访给人留下的印象颇深：

记者问他："在苦难的日子里，你凭什么一次又一次毫不退缩？"

他坐在宽大豪华的老板台后面，喝完了手里的一杯水。然后，他把玻璃杯握在手里，反问记者："如果我松手，这只杯子会怎样？"

记者说："摔在地上，当然会碎了。"

"那我们试试看。"他说。

他手一松，杯子掉到地上发出清脆的声音，但并没有破碎，而是完好无损。他说："即使有 10 个人在场，他们都会认为这只杯子必碎无疑。但是，这只杯子不是普通的玻璃杯，而是用玻璃钢制作的。"

命运的不公对他来讲已经不算什么，在一次次的失败中他没有被打倒，而是变成了一个不怕摔的"钢玻璃杯"。见惯了大风大浪的人还会怕什么淅淅沥沥的小雨吗！面对命运的捉弄，不要灰心，终有一天你可以战胜它，因为你将变得刀枪不入。

六、在逆境中微笑

一个能够在逆境中微笑的人，要比一个一面临艰难困苦就崩溃的人伟大得多。一个能够在一切事情都与他的愿望相悖时仍微笑的人，是胜利的候选者，因为这种心态，普通人是很难有的。

给你正能量

忧郁、阴沉、颓废的人，在社会上不受人重视。没有人愿意同他待在一起；每个人见了他，都只是看看他，然后就会离开他。

我们不喜欢忧郁、阴沉的人，正像我们不喜欢给我们不调和印象的画一样。我们会本能地趋向于那些和蔼可亲、幽默风趣的人。我们要使人家喜欢我们，首先要使自己变得和蔼可亲和乐于助人。

人不应该把自己降为感情的奴隶，更不应把全盘的生命计划、重要的生命问题，都去同感情商量。无论你遭遇的事情是怎样不顺利，你都应该努力去支配你的环境，把你自己从不幸中解脱出来。如果你背向黑暗，面对光明，阴影就会留在后面。

一切学问中的学问，就是怎样去肃清我们心中的敌人——平安、快乐和成功的敌人。时时学习集中我们的心于美而不是丑，真而不是伪，和谐而不是混乱，生而不是死，健康而不是疾患——这是人生必修的一门功课。

假如你能够绝对拒绝那些夺去你快乐的魔鬼；假如你能紧闭你的心扉，不让它们闯入；假如你能明白，这些魔鬼的存在，只是你自己为它们提供了方便，那么它们就不会再光顾你。努力培养愉快的心情。假如你本来没有这种心情，只要你能努力，不久就会具有这种心情了。

一位神经科专家告诉人们，他发明了一个治疗忧郁病的新方法。他劝告他的病人，在任何环境下都要笑。强迫自己，无论心中喜欢不喜欢，都要笑。"笑吧！"他对病人说，"连续着笑吧！不要停止你们的笑！最低限度，试着把你们的嘴角向上翘起。这样不停地笑时，看你感觉怎样！"他就用这种方法治愈了他的病人。

把忧郁在数分钟之内驱逐出心境，这在一个精神良好的人是完全可能做到的。但多数人的缺点就在不肯放开心扉，不让愉快、希望、乐观的阳光照进，相反却紧闭心扉想以内在的能力驱除黑暗。他们不知道外面射入的一缕阳光会立刻消除黑暗，驱除那些只能在黑暗中生存的心魔！

在你感觉到忧郁、失望时，你应当努力适应环境。无论遭遇怎样，不要反复想到你的不幸，不要多想目前使你痛苦的事情。要想那些最愉快最欣喜的事情，要以宽厚亲切的心情对待人，要说那些最和蔼、最有趣的话，要以最大的努力来制造快乐，要喜欢你周围的人。这样，你很快就会经历一个神奇的精神变化，遮蔽你心田的黑影将会逃走，而快乐的阳光将照耀你的全部生命。

你可以尝试着走进最有趣的社交圈，寻求一些可以使你发笑、使你高兴的无邪的娱乐。这是精神的更新，这种更新，有时能在同家中的孩子玩耍时找到，有时能在戏院中找到，有时能在有趣的对话中找到，有时能在埋头于一本有趣或激励的书中找到，有时能在睡眠中找到。

田野也是一个很好的精神更新者与忧闷的治疗者，有时花上一两个小时在阳光下的田野里散步，就可以改善你的精神状态。

改善精神状态后你会发现，忧闷的毒害可以被抵消，颓废的空气可以被改变。你会感觉到自己像换了一个新人一样。

笑是精神生活的阳光。没有阳光，万物皆不会存在或成长。你得学会善意的幽默，并且开怀大笑，在笑声中观察五彩缤纷的真实生活。

丘吉尔曾说："我认为，除非你理解世上最令人发笑的趣事，否则你便不能解决最为棘手的难题。"

贝特丽丝·伯恩斯坦已经70多岁了，她两度寡居，但她仍尽情地生活——探望儿孙，读书旅行，义务演出，过着快乐的一生。

"我已经过了生命的巅峰，但仍然享受下坡的快乐，做了快九年的寡妇，我为自己创造了一个充实且愉快的生活。我在亚利桑那州立大学一起修课的同学，在我第二任丈夫1982年死于结肠癌时，成为我的支持团体。

"借助青年旅行的计划，我和同龄人一起环游世界，他们和我有同样的嗜好，也需要伙伴。自退休后，我所进行的最有价值的计划，就是参加'圣约之子'为以色列'活跃退休者'所举办的为期三个月的节约活动。活动中，我在内坦亚东正教看护中心担任祖母的角色，要照顾从18个月到3岁的小孩。没错，有时工作很烦很累，但是能提供服务，付出爱以及得到爱，这为我带来一种就像照顾自己亲生孩子般的快感。"

在伯恩斯坦太太76岁生日时，满屋的朋友共同举杯祝福她："祝您活到120

岁！"伯恩斯坦太太的笑绽开了额头的皱纹："我也许刚好可以活到那么老，就剩下 44 岁了。"

看，生活就这么简单，就跟笑一样简单！

笑吧，为笑而笑，这就是笑的理由。其实，你并不要为笑寻找理由。只要笑，就足够了，生活中最为珍贵的礼物——笑，它让你生活充满阳光。

七、压力，是需要缓解的

不要总是希望自己去完成比自己能完成的要多得多的工作，因为这样一天下来，你就会因完成的工作比计划的要少而感到沮丧不安。你现在应该努力地改变这种情况，依靠自己的能力来完成工作量，使自己不会因为完成了比计划要少的工作而使自己失望。

你在公司的大集体当中，要处理好各方面的关系：你和领导之间的关系；你和同事之间的关系；你和下属之间的关系。关系复杂，处理这些问题非常耗费时间和精力，处理不好，还会遭到来自各方面的非议和指责。如果你跟领导的关系走得很近，员工会说你是在溜须拍马，以图顺着高竿往上爬；如果你关心了一位女同事，会有人在你背后指手画脚，说你别有企图。总之，指责和非议是常有的事。

但受到别人指责和非议也不一定就是坏事。因为它能及时提醒你，同时让你感受到来自周围环境的强大压力，使你工作时，考虑得更为周全、妥帖，甚至是给你一种向前的动力。

假如你是领导，同样有更大的压力等着你——这可是一个全新的角色。诚然，你要处理好与下属的关系，要了解向一个新上司报告的艺术，要对你的部门甚至整个公司做一番评估。这一切，都会给你带来压力。当然，这压力中也有来自指责和非议的一面。这时候，了解一些处理压力的方法对你肯定有很大帮助。

缓解压力其实就是一个适应环境的过程。如果环境对一个人的要求高于他所能

65

达到的，那么压力就会增大；如果环境对人没有什么要求，也不具有挑战性，更谈不上激动人心，那么人们对这一切总会无动于衷，自然谈不上会有什么压力了；如果环境对人要求太多了，那么为了应付一切，人们就会出现诸如失眠、心跳加快、胃疼或头疼之类的症状，不同人在遭遇到压力时会有不同的生理反应。

太大的压力会让你感到应接不暇，于是事情就一件件地积压，无法完成，然后你就会感到不安、焦虑，或者担惊受怕。而压力过小的话，又会让你觉得手头上的时间太多了，因而会觉得枯燥乏味、疲惫或失望，认为生活一点也没有意思。

压力大不一定就是坏事，比如说吧，当你在一大群听众面前讲演的时候，你会感到压力，你心跳加快，呼吸急促，但同时，你也感到乐在其中，而且对你讲演这回事还很渴望，因为由此带来的压力给了你动力。在考试的时候，适度的紧张增加了肾上腺的分泌，这也许会使你受益；但是如果过分紧张，造成了肾上腺素分泌过多，产生的效果就会相反——精神无法集中。

有时大量的压力都来源于那些没有达到的期望，包括你自己的和别人的。在工作中一般遇到的情况是，你没有达到领导的要求，但是有时候，如果你给你自己设立了不切实际的高标准，情况也许还要糟糕。我们也会因为家庭事务感到压力，因担心生病的孩子而不安，为另一半工作焦虑，或者因和朋友吵架而深感自责。

压力也来自于你对那些也许永远也不会出现的问题的担心，比如说，有人会在乘飞机之前紧张至极，害怕飞机会坠毁。对待因担心这些也许永不会出现的事而产生的压力，最要紧的就是分析一下这些问题，看它们会在什么情况下出现，出现的概率是多大？有避免之法吗？如果你认为的事发生概率几乎等于零的话，那就没有什么好担心的。

缓解压力的一种特别有效的方法是在你面前摆一把椅子，想象对方就坐在椅子里（一张对方的照片可以帮助你完成这种想象）。大声说出长期以来你的想法和感受。在对方不在场的情况下讲出你的愤怒可以释放被压抑的情绪，使你思维变得清楚。对别人叫喊或泄愤通常不仅不能澄清问题，反而会恶化你们之间关系。而此种释压方法却能锻炼你发怒时的口才，例如一个女人可以对未婚夫说：我不知道我们之间发生了什么事，开始时你对我那么好，我以为我对你意义重大。但爱情不等于考验。我是你的朋友，你的情人，也可能会成为你的妻子，但是你的爱附有这么多的锁链，我对此气愤已极。什么？我们不能结婚，就因为我不愿意照看你姐姐的孩子？你怎么气量这么小？你怎么能仅凭这一点来评价我？你无法买到爱情，我也拒绝被强迫去收买你的爱情。你把我想成了什么人？你怎么会这么蠢？别傻了！别再这么办了！

　　说完的时候，你一定会气喘吁吁。你笑了，因为你会觉得你已经能够在愤怒时张嘴说话了。而你心中的毒素已经排除。

八、适度地释放怒气

　　生活当中，人们有时对一些不公平的事表示愤怒。然而大怒之后，往往会导致身心受损。难解的怒气在胸，就会有种不明的压力，使得你情绪不稳，心神不安，整天恍恍惚惚。在这种精神状态下，不仅工作、学习效率大大降低，还有可能出现差错和事故。

　　小李一次因家务事，与丈夫发生争吵，由于语言过激，两人互相打斗起来。小李一怒之下，背过气去，丈夫见此状急忙收手，马上惊呼救人。小李在众人一阵手忙脚乱的掐人中、撸胸口、捶后背的救治下，总算缓过这口气来。可是她落下了终身都无法治愈的毛病，手脚抖动，给自身及家庭生活造成了意想不到的危害和不便，以至后悔莫及。

　　俗话说：气大伤身后悔迟，像小李这样无节制地动怒，给自己招来无妄之灾，岂不晚矣。

　　现代医学认为，人在发怒时，体内的肾上腺素含量明显增高，交感活动性物质增加，诱发肾素——血管紧张素增加，促使小动脉收缩痉挛，致使血压升高。同时，发怒时会使人体内去甲肾上腺素含量增高，导致心跳加快，耗氧量增加，冠状动脉痉挛，心肌缺血，心绞痛，心律失常等。愤怒还可以使人的食欲降低，消化不良，出现消化系统功能紊乱。

发怒既对身心有害，那么是不是一定要把怒火压在心底呢？当然不是。

发怒固然有损健康，但怒而不泄同样对健康无益。英国一位权威心理学家认为，积蓄在心中的怒气就像一种势能，若不及时加以释放，就会像定时炸弹一样爆发，可能会酿成大难。正确的态度是疏泄怒气，适度释放，可将心中的不满坦率地讲出来，找知己好友无所顾忌地倾诉；写信、写日记，使怒气在字里行间得到排解。

还可到室外打球、跑步、爬山、呼吸新鲜空气，让怒气与汗水一起流淌出来；亦可通过情绪转移的方式，或埋头工作，或欣赏音乐、戏曲，以求得心理平衡。

学会排解愤怒，也是道德修养的表现。养身贵在戒怒，戒怒就是养怡身心，尽量做到不生气、少生气，思想开朗，心胸开阔，宽宏大量，宽厚待人，谦虚处世。这样不仅有益身心健康，也利于提高自己的道德修养和思想水平，于人于己都会有益而无害。

容易动怒的人们，光知道如何排解怒气还是不行的，最主要的是如何让自己制怒，学会让自己尽量不发脾气，不轻易动怒，才是上策。这就要有一颗包容的心，事事宽容为怀。

宽容是一种修养，也是一种风度。以海纳百川的胸怀宽以待人，才能让自己心态平和，心胸开阔，心里永远充满阳光。

该知道如何对待自己易怒的情绪了吧！遇事冷静是根本。遇到不随意的事，尽量通过别的途径去解决，动怒不光于事无补，反而对己有害，何苦呢？

还是让我们以平和的心境来对待生活中繁杂的事情吧！别伤害了自己，只有健康才是生活的本钱。有了无法避免的怒气，学着适度地释放它，不要自我封闭。男人也可以哭，流泪不丢人。我们应宽解自己，少发脾气，快乐地过好每一天。

有时为缓和四处蔓延的紧张气氛，我们首先应该降低生活步调，使心情恢复平静，不再焦虑暴躁，保持稳定与和谐。

曾经有位医生在替一位企业家进行诊疗时，劝他多多休息。这位病人愤怒地抗议说："我每天承担巨大的工作量，没有一个人可以分担一丁点儿的业务。大夫，您知道吗？我每天都得提一个沉重的手提包回家，里面装的是满满的文件呀！"

"为什么晚上还要批那么多文件呢。"医生讶异地问道。

"那些都是必须处理的急件。"病人不耐烦地回答。

"难道没有人可以帮你忙吗？助手呢？"医生问。

"不行呀！只有我才能正确地批示呀！而且我还必须尽快处理完，要不然公司怎么办呢？"

"这样吧！现在我开一个处方给你，你能否照着做呢？"医生说。

这病人听完医生的话，读一读处方的规定——每天散步两小时；每星期空出半天的时间到墓地一趟。

病人奇怪地问道："为什么要在墓地待上半天呢？"

"因为……"医生不慌不忙地回答："我是希望你四处走一走，瞧一瞧那些与世长辞的人的墓碑。你仔细思考一下，他们生前也与你一样，认为全世界的事都得扛在双肩，如今他们全都永眠于黄土之中，也许将来有一天你也会加入他们的行列，然而整个地球的活动还是永恒不断地进行着，而其他世人则仍是如你一般继续工作。我建议你站在墓碑前好好想一想这些摆在眼前的事实。"医生这番苦口婆心的劝谏终于敲醒了病人的心灵，他依照医生的指示，释缓生活的步调，并且转移一部分职责。他知道生命的真义不在急躁或焦虑，他的心已经得到平和，也可以说他比以前活得更好，当然事业也蒸蒸日上。

九、学会宣泄压抑

或许我们都曾有过下面的经历：经常莫名地紧张、害怕、心慌、发抖、头晕，有时脑子里一片空白，觉得自己活得很累，常常想到死。其实，这就是非常严重的抑郁状态。

69

那么怎样排解这种焦虑、压抑呢？

1. 可以向心理医生或自己信任的亲朋好友倾诉内心的痛苦，也可以用写日记、写信的方式宣泄，或选择适当的场合痛哭、呼喊。

2. 焦虑是人面临应激状态下的一种正常反应，要以平常心对待，顺应自然、接纳自己、接纳现实，在烦恼和痛苦中寻求战胜自我的理念。

3. 在心理医师的指导下训练，可以做自我放松训练。

4. 无论学习还是工作，没有目标就会茫然不知所措。目标确立要适度，根据人生不同发展阶段确立目标。

5. 回忆或讲述自己最成功的事，可以引起愉快情绪，从而忘掉不愉快的事，消除紧张、压抑心理。

6. 积极参加文体活动。研究表明，音乐能影响人的情绪、行为和生理功能，不同节奏的音乐能使人放松，具有镇静、镇痛作用。

7. 多参加集体活动，如郊游、植树、讲座、社团等等。在集体活动中发挥自己的专长，增加人际交往。和谐的人际关系会使人获得更多的心理支持，缓解紧张、焦虑情绪。学会宣泄焦虑、压抑，我们的心理才会变得轻松。

8. 保持幽默感。我们每个人都应活得轻松些，尤其当自己身处逆境时，要学会超脱，所谓"来日方长"，要看到生活好的一面，无忧无虑，自得轻松。

9. 对人礼貌。如果您对别人施之以礼，别人也会对您以礼相待，也就是说"将心比心"，会有助于缓冲您的精神紧张。有时，一声"谢谢"，一个微笑或一次过路礼让，都能使您受欢迎。记住，别人对待您的态度在一定程度上反映了您的自我形象。

10. 要自信。这里所说的自信不是狂妄自大，也不是自以为是，而是要学会自我控制。有段话是这样说的："如果我不靠自己，我又靠谁呢？如果我只想着自己，我又算什么人呢？如果我现在不想，又待何时？"如果只指望他人把事情办好，或坐等他人把事办好，就可能使您处于被动地位，也可能成为环境的牺牲品。因此，办任何事情，首先要相信自己，依靠自己，不要将希望寄托于别人，否则将坐失良机，产生懊丧心理，加重精神紧张。

11．当机立断。死守着一个毫无希望的目标，不论对您自己，还是对您周围的人，都会增加心理压力和精神紧张。一个聪明人一旦打算完成某项任务，就应马上做出决断并付诸行动。当他发现已做的决定是错误的，就应立即另谋办法。优柔寡断，会加重精神负担。

12．学会处世的道理。我们都是同样，别人碰上的事情您有一天也可能会碰上。生活的道路不会总是平坦的。与周围的人建立友谊，可以增加来自外界的支持和帮助，从而减轻精神紧张。不要害怕扩大您的社会影响，这样有助您寻找应付紧急事件的新渠道。

13．努力改进人际关系。建立良好的人际关系，以帮助您事业成功，减少挫折，这对于保持良好的竞技状态十分重要。我们不需要那种只会教训人："给我听着，你该怎样做"的朋友，我们生活中所需的是鼓励我们进行创造性思维，以及能够支持我们走向成功之路的那种朋友。主动虚心听取别人的意见，善于安排时间，是改进人际关系的重要方法之一。

14．宣泄、抒发。经常处于精神紧张状态，累加起来，可能会吞噬掉我们健康的机体。我们需要对人诉说自己的感受，哪怕这样做改变不了多少。向谁诉说，取决于想要说的内容，必须选择合适的诉说对象。记住，绝对不要将不愉快的事情隐藏在自己的心里。

15．以仁待人。当别人身处困境时应乐于助人。在这种时刻，他们最需要您去倾听他们的诉说，需要您给予帮助。俗话说，善有善报，您有朝一日出现某种危机之时，如果对方是一位真诚的朋友，他也会来帮助您的。

16．不传闲话。传闲话会招来仇恨和互相猜忌，也容易使您失去朋友。当您向某人传闲话时，他也会猜想您是否也会说过他的闲话。生活中有的是问题，够您去忙的，犯不着背个"小广播"的名声去费唇舌，给自己添麻烦。

17．灵活一些。我们要完成一件工作，可能有许多方法，您自己的那种方法不一定是最好的，或者虽然是最好的，但不一定行得通。如果您总认为事事都必须按您的想法去做，那么当事情不按您的想法发展时，您就会烦恼生气。其实您的目标只应是把事情办成，至于方法，不必拘于某一种。

18．衣着整洁。衣服穿的整洁与否，象征您是否尊重别人，当然也象征着您自尊自重。衣着不仅在显示您是男性还是女性，还能为您的自身价值和重要性提供一种保证。

在繁忙的工作之余，我们应学会调剂自己的情绪，让自己心情愉快地工作。

十、不要害怕贫穷

无论如何，即使再贫穷的人依然有许多东西可与人分享。贫者也拥有生活中幸福的东西，如爱、亲情等。这里列举几个任何人皆可办到的分享方式，这些方式或许无法直接予以运用，不过，如果真能付诸实施，却比分享金钱更具价值。

因为新搬来的邻居巴比值先生没有时间去购买割草机，所以爱金池先生就把自己的割草机借给他。于是，这两个家庭自此即建立了非常良好的关系。然而，有一段期间，两家也发生了形同陌路的情形。原来巴比值先生割完草之后，将机器送还，但其中的一片刀刃有了缺口，爱金池先生发觉后，为了不伤害对方自尊心，就以平静的口吻说道："你家的庭院似乎有潜埋的石头，看刀刃破裂的地方……"

这时巴比值先生回道："那不是我的错，借来时就已有缺口了。"说完后即板着脸回去了。

因为刀刃的缺口还发亮，所以爱金池断定并非旧痕，但他也并未再多加谈论，只是暗自下了决定，往后再与这位邻居相遇，顶多点头致意罢了！

然而数星期后的某一天，巴比值先生送来一架崭新的割草机。

"我买了新的割草机，你要不要使用看看？"他说。

"老实说，我知道那片刀刃是我弄断的，但当时因经济不甚宽裕，无法立刻送去修理，原本应坦白与你说明……但你并没有说什么，因此，为了表示我的歉意，请你收下这架割草机吧！"

尽管爱金池先生当初并不是以新的机器出借，最后却连本带利地收回了。

比这件事情更有意义的，是两个家庭之间的感情又重新建立了。

譬如，在某个炎热的日子，你将汽车开进加油站，服务员走过来一面擦去脸上的汗水，一面准备帮你服务。看到对方如此辛苦，你也会体谅地说："慢慢来吧！反正我不赶时间。"这样如果你以后再到此加油站时，相信这位服务员仍会记得你。

又假设你是一位监督主管，在你的诸多部属中，有一名做事非常有效率，或许有些人会说："雇用他本来就是为了工作，做得好是理所当然。"抱持这种观念的主管可说是愚蠢的。若是真正聪明的管理人员，在看到部属勤劳的工作态度时，通常会给他一番慰勉和鼓励，因为人们对此都会产生好感，并且会以更良好的工作绩效作为回报。即使在你对别人付出关怀与爱心，并未获得回报，但内心却无论何时皆能感到快乐与充实，这是因为若是你"奉献自己"，即可使自己成长之故。千万记得，只要多对社会大众献出关爱，无时无刻你都能得到"代价的法则"。

如果各位尚未能充分理解，也请别问究竟是何财富，因为相信只需和别人共享所有，则必能获得比自己想象中更多的资产，而这种资产并不仅仅限于金钱。

十一、没有克服不了的问题

"完了！一点儿辙也没有了！""没有办法！完全没有办法！"面对问题，不少人会这样感叹。

其实，在我们告诉自己，事情已经变得毫无办法的时候，失败离自己也就不远了。因为信念的缺失使我们失去了克服问题的机会。有时，即使我们自己没说"没办法"这样消极的话，如果周围的人给你这种暗示，也会在我们的内心埋下"不可能解决"的种子，最终效果同前者别无二致。

73

是问题当真没法解决，还是我们没有真正去思考解决的方法？相信大多数人都会做出正确的判断。即使是在严谨无比的科研领域，过去那些看似不可能解决的问题也在不断地被解决、被克服，何况是丰富多彩没有固定模式的缤纷生活。我们所面临的任何问题，都能够找到三种以上的解决方法。问题在于，我们是否真的去积极思考解决的途径。

周末，某家连锁店突然来了一位客户，要求购买五箱某品牌保养品。因为该商品销售量一般，商店的库存通常仅维持在一箱左右，远远达不到顾客的要求。而且此时距离正常的进货日还有好几天。遇到这样的问题，应该怎么办呢？

绝大多数情况下，我们听到的对话往往是这样的：

销售员："对不起，我们没有货。"

顾客："能不能想想办法？"

销售员："抱歉，我们最多只能提供一箱的货，您要的太多，恐怕没有办法。"

事情似乎很棘手。不过只要稍微动动脑筋就会发现，这个问题并不难解决。作为售货员，他至少有如下三种方法可以挽留这位顾客。

替换品牌或者交叉品牌。同一种类型的产品在商场里往往不止一种。顾客需求的这类保养品，或许 A 品牌的存货为一箱，B 品牌的却有两箱，C 品牌可能还剩半箱……只要品质相同，价格也差不多，顾客在多数情况下还是可以接受的。于是，我们如果将不同品牌的同类产品拼在一起凑够五箱，不就满足客户需要了吗？

若顾客只认准一个牌子那也没关系，连锁店为了保证库存的稳定性，往往都会有配送中心。顾客要是对该产品的需求时间并不很紧，不妨请他过几天再来取货。商场这边立刻请求配送中心送货。这样，大概两三天之后，顾客的需求便能够满足。

如果问题更加棘手——顾客不仅需要这一类型的品牌，而且必须当天提货，销售员又该如何是好？彻底没辙了？当然不会！身为销售员，我们大可以向附近的连锁店紧急调货，每家店里出一箱半箱，待进货后还上。于是，问题又被我们轻易解决了。

给你正能量

不少人惧怕面对问题的根本原因并不是问题本身有多么可怕，而是他们害怕问题解决不了，反而给自己带来麻烦。大脑是个很奇妙的东西，越是觉得解决不了，就越真的找不到解决问题的方法。相反，我们若相信自己可以面对眼前的问题，克服它便指日可待。

作为开创中美关系新纪元的美国总统，理查德·米尔豪斯·尼克松一生的经历可谓问题不断。小时候的尼克松面临的最大问题便是贫穷，不过在他的积极面对下，这些问题倒并非很难解决。对他来说，真正的问题，出现在他得到州律师资格并且正式踏上仕途之后。

1959 年，尼克松竞选失败，以区区一万张选票的微弱差距败给了自己的对手约翰·菲茨杰拉德·肯尼迪。这次的失败令尼克松感到有些郁郁不平，而更大的困难出现在两年之后——身为艾森豪威尔时期美国副总统的尼克松，竟然在竞选加州州长的时候落败。愤怒的他将责任推到了新闻界身上，在公共场合对媒体进行大肆抨击。这一做法也遭到了后者的报复，一时间铺天盖地的负面报道随之而来，媒体的口诛笔伐压得尼克松喘不过气。在舆论的影响下，他的支持者们纷纷离开了自己。失去了支持自己的民众，就相当于结束了自己的政治生涯。尼克松面临着前所未有的大问题。

对于那些常常把"没办法""解决不了"挂在嘴边的人，面对如此问题不啻灭顶之灾——全世界都在指责自己，我还有什么资本可以翻身？

问题的确很棘手，却并非无法解决！至少，尼克松这么认为。

目前的困境下他也必须生存下去，而且需要凭借新的焦点赢得选民。于是他蛰居起来，回到家乡继续从事律师职业，并且抓住一切能够重新踏上征途的机会。与此同时，尼克松还针对当时的生活焦点发表一系列符合民意的评论和看法，而且深入越南了解在越美军的真实情况，把它告诉美国民众。经过长达 8 年的"闭关修炼"，尼克松于 1968 年重返政坛，并且一举成为美国第 37 任总统。

八年时间，让尼克松成功地解决了自己面临的问题。

一位励志大师说过："只要去想办法，就一定有办法。"这句话也可以这样理解：如果我们不去想办法，即使是易如反掌的问题都会变成天大的麻烦。

即使问题宛若悬崖深谷，走上一段路程便能到达彼岸；哪怕问题如同一条小沟，不愿意跨上一步也永远过不去。问题本身并不存在困难，或者也许很简单，是否能够克服的关键，是我们是否真的相信——世界上永远没有克服不了的难题。

第四章 人生因拼搏而精彩

一、人生需要冒险精神

弗雷德里克·兰布里奇说过:"如果一生只求平稳,从不放开自己去追逐更高的目标,从不展翅高飞,那么人生便失去了意义。"正如有人所说:人生最大的价值就在于冒险。

在人生中,思前想后,犹豫不决固然可以免去一些做错事的可能,但更大的可能是会失去更多成功的机遇。这种得不偿失的结果对我们来说是更大的损失。要想取得卓越的成就,就得敢于冒险。整个生命就是一场冒险,走得最远的人常是愿意去冒险的人。只有那些敢想敢做的人最终才能取得成功。

在世界保险业的巨子克莱门提·史东的事业渐上轨道之时,经济萧条的寒流席卷了美国。许多中小企业都倒闭了。面对经济危机,再也没有人把钱投入到保险公司了。史东冷静地面对现实,他认为:"如果你在困难的时期以决心和乐观来应付,你总会有利益可得。"当时,他的营销队伍只剩下 200 人了,但是,他依然没有放弃,他把自己乐观的想法灌输给了部下,并带领他们继续奋斗。

在这次经济危机中,曾经十分兴盛的宾夕尼亚伤亡保险公司受到了很大影响,经营很不景气,其公司上层决定以 160 万元将公司出售。史东得到这一消息,决心乘此良机将该公司买下来。但是,他没有这么多钱,即使如此他还是没有犹豫地走进了巴的摩尔商业信用公司董事长的办公室。

77

"我想买你们的保险公司。"

"很好，160万元。你有这么多钱吗？"

"没有，不过，我可以借。"

"向谁借？"

"向你们借。"

这在别人看来是一桩很荒谬的买卖，但是，最后史东还是把这家公司买了下来。他经过苦心经营，终于将一家微不足道的保险公司发展成为今日的美国混合保险公司，史东本人也因此跻身于美国富翁之列，其财产至少在5亿美元以上。

冒险是表现在人身上的一种勇气和魅力。经验告诉我们：冒险与收获常常是结伴而行的。哥伦布如不航海探险，能登上新大陆吗？达尔文不亲身探险，搜集资料，能完成巨著《进化论》吗？是的，险中有夷，危中有利，要想有卓越成就，就应当敢冒险！

当别人犹犹豫豫的时候，你迅速做出决断，大胆承担起来，很可能这就是改变你命运的关键性一步。世界上许多伟大事业的成功者都属于那些敢想敢做的人，而那些所谓智力超群、才华横溢的人却因瞻前顾后，不知取舍而终无所获。我们常说，天才、运气、机会、智慧是成功的关键因素，但更多失败的人是因为有三件事没有做到位，即：缺乏敢想的勇气，缺少敢做的能力，没有敢成败的决心。

成功在于机遇的把握，犹豫不决只会与幸运之神擦身而过，而命运更倾向于那些敢想敢做的人。

二、恢复原本的"狼性"

安逸的生活能在不经意间消磨掉我们的意志，而我们还没有发现。"宝剑锋从磨砺出，梅花香自苦寒来"。不经历生活的磨砺就难迸发出人性中最坚强的火花，即使有能力也会被埋没。

给你正能量

　　龙虾和寄居蟹都生活在海里，但是他们却选择了不同的生活方式：一个具有坚硬的外壳，一个只能靠着别人的外壳"保护"。一天，他们在深海中相遇，寄居蟹看见龙虾正把自己的硬壳脱掉，露出娇嫩的身躯。寄居蟹非常紧张地说："龙虾，你怎么可以把唯一保护自己身躯的硬壳放弃呢？难道你不怕有大鱼一口把你吃掉吗？以你现在的情况来看，连急流也会把你冲到岩石上去，到时你不死才怪呢！"

　　龙虾气定神闲地回答："谢谢你的关心，但是你不了解，我们龙虾每次成长，都必须先脱掉旧壳，只有这样，才能生长出更坚固的外壳。现在面对的危险，只是为了将来发展得更好而做准备。"寄居蟹细心思量一下，自己整天只找可以避居的地方，活在别人的荫护之下，而没有想过如何令自己成长得更强壮，难怪永远都没有属于自己的坚硬外壳。

　　生活中很多事情就是这样，有安逸的环境并不一定就是一件好事情。很多成大事的人，往往喜欢"自找苦吃"，给自己制造逆境，让自己在磨炼中成长。不舍弃安逸的环境，可以过得很安逸，但是你会在安逸的环境中磨灭自己的意志，失去原本的能力。

　　一个刚毕业的大学生进入了政府部门，获得一份旱涝保收的工作，大家都认为这是一件很不错的事情，别人都羡慕他有好运气。工作了一段时间后，他却毅然离开了政府部门，投身商海。很多人不解他为什么要做这样的决定。面对别人的不解，他只是说："我不想做一个失去野性的'狼'。"

　　原来，22岁时，他大学毕业，按照原先的计划顺利地进了政府部门，每天一杯茶一张报纸地在单位混日子，他觉得这日子过得还不错。有一回，他到乡下去探亲，看到亲友竟然把一头狼像狗一样养在家里看家护院。他惊问其故。亲友告诉他，这狼自幼就与狗一同驯养，久而久之，这狼连长相都有些像狗，更别提狼性了。

　　他当时看着那狼，想想自己，顿时有些心惊。没多久，他就在别人一片惋惜声中毅然辞职去了深圳。虽然在商场的打拼中，他吃了不少苦头，摔了不少跟头，但是他一直坚信，是狼就应该在野外的环境中磨砺自己，不能让自己的狼性被磨灭。经过一番艰难的打拼，现在他已经有了一家注册资产过亿的公司，终于成为一只在

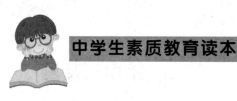

商场上威风凛凛的"狼"，尽显其风采。

现在，很多大学毕业生都希望像这个人一样，一开始就能够得到一份安逸的工作，不想去接受挑战，可这样的职业又有多少，每年成千上万的人挤破头去考一个千里挑一的公务员，到头来却发现与自己的理想不符。真正的狼是在野外的风雨中成长起来的，如果坚信自己是"狼"，那就必须得面对职场上的风风雨雨，勇敢地闯荡出属于自己的事业。

三、坚持唱完自己的歌

商场如战场，不仅是因为竞争的激烈，更是因为商场上的竞争需要的是勇气。不过商场需要的不是拼杀的勇气，而是坚持做自己的事，不畏艰难的勇气。

在商场上打拼游刃有余的业务员黄美荣，可谓在职场上春风得意。很多初入职场的人都请教她如何在职场稳健发展，做得出色的方法。这位业务员只给他们讲了一次她初入职场时的经历。

当时公司里年轻人多，一帮男同事总是有事没事地哼上几句流行歌曲。她也是一个追星族，对各种流行歌曲也爱得欲罢不能。不过，她是属于那种五音不全的女孩子，只能在独处时将变调的歌儿唱给自己。

有一次，公司接待一位台湾来的客户，老总决定让所有人员倾巢而出，在市内最高级的歌厅给客户接风。出发前，公司的男同事纷纷选取当晚的演唱曲目，大有"歌不惊人誓不休"的架势。

当他们问她准备了什么时，她脑子里一片茫然，不曾想自己也要"献丑"。台湾客户是一位年轻有为的男士，对公司请他去唱卡拉 OK 的安排比较满意。客户的嗓音非常棒，她说他的歌声简直可以赛过巨星王力宏。在听到她的夸奖后，客户顺水推舟地说："那黄小姐的歌喉一定像张惠妹一样出色喽。"此时她只是礼貌地说自己不善唱歌，让他听她的同事唱。

一帮男同事开心地放声歌唱后，她的老总也上去试了一把。最后，所有的人都把期待的目光转到全场唯一的女孩子黄美荣身上。她知道，再继续拒绝显然是不合适的。于是，在申明自己五音不全会制造噪音后，她选了一首萧亚轩的情歌。

当她放开嗓子去唱的时候，偷偷环顾了一下四周，发现老总和台湾客户的眉头不经意地皱了一下。由于过度紧张，她这次的发挥比以前任何一次都差劲。刚才还陶醉在曼妙音乐中的男同事闹开了锅，有个同事甚至口无遮拦地说："求求你别唱了，不知情的人弄不好还以为咱们虐待你呢。"说完，其他男同事一起哄笑开了，老总也做了个阻止的手势。

伴奏还在继续，但她不准备就此停下她的歌声。"请听我唱完这首歌！"在被奚落后，她变得反倒坚定了。她知道这首歌也许是当晚唱得最差的一首，但是她还是坚持唱到结束。最后，台湾客户给了她掌声……

台湾客户离开的时候，留给老总一句话："贵公司的黄小姐不卑不亢，能够坚持自己所追求的东西，我希望她能作为我们合作项目的负责人，希望老总大人成全。"她出乎意料地得到了重用，而这一切只因为不会唱歌的她在嘘声中坚持唱完一首情歌。

就这样，她不仅得到了一个升职的机会，更明白了一个做事情的真谛：不要畏惧别人的批评，坚持做自己认为重要的事情，以足够的毅力投入到工作中才能获得成功。

四、信念是一面旗帜

信念是一切奇迹的萌发点，所有的成功，最初都是从一个小小的信念开始的。

罗杰·罗尔斯是美国纽约州历史上第一位黑人州长，他出生在纽约声名狼藉的大沙头贫民窟。这里环境肮脏，充满暴力，是偷渡者和流浪汉的聚集地。在这儿出生的孩子，耳濡目染，他们从小逃学、打架、偷窃甚至吸毒，长大后很少能从事体面的职业。然而，罗杰·罗尔斯是个例外，他不仅考入了大学，而且成了州长。

在就职记者招待会上，一位记者问他：是什么把你推向州长宝座的？面对三百多名记者，罗尔斯对自己的奋斗史只字未提，只谈到了他上小学时的校长——皮尔·保罗。

1961年，皮尔·保罗被聘为诺必塔小学的董事兼校长。当时正值美国嬉皮士流行的时代，他走进大沙头诺必塔小学，发现这儿的穷孩子比"迷惘的一代"还要无所事事。他们不与老师合作，旷课、斗殴，甚至砸烂教室的黑板。皮尔·保罗想了很多办法来引导他们，可是没有奏效的。后来他发现这些孩子都很迷信，于是在他上课的时候就多了一项内容——给学生看手相。他用这个办法来鼓励学生。

当罗尔斯从窗台上跳下，伸着小手走向讲台时，皮尔·保罗说："我一看你修长的小拇指就知道，将来你是纽约州的州长。"罗尔斯大吃一惊，因为长这么大，只有他奶奶让他振奋过一次，说他可以成为五吨重小船的船长。这一次，皮尔·保罗先生竟说他可以成为纽约州的州长，着实出乎他的预料。他记下了这句话，并且相信了它。

从那天起，"纽约州州长"就像一面旗帜，罗尔斯的衣服不再沾满泥土，说话时也不再夹杂污言秽语。他开始挺直腰杆走路，在以后的40多年间，他没有一天不按州长的身份要求自己。51岁那年，他终于成了州长。

信念是任何人都可以免费获得的，相信自己，相信信念，信念能让人产生奇迹。

五、把本职做到101分

身处现在竞争激烈的社会，似乎每个人都在为如何找到工作，或者如何才能找到更好的工作而奔命，却忽略了该如何提升自身的素质和能力。是金子在哪儿都会闪亮，而狐假虎威只能逞一时的威风。那些大力吹嘘和标榜自己的人，名不符实，或许能得到人们一时的认可，但是大浪淘沙，没有任何实际本事的人终归还是要被淘汰掉的。而那些拥有真才实学的人，只要认真地做好本职工作，终究会有被认可的一天。

大学生钟欣毕业后，到一家银行工作。按惯例，新来的人都要先到基层网点锻炼。在基层网点做的工作基本上都是操作性的工作，在业务技能上，一个本科生不比一个高中生有多大的优势。

一天，一位知识分子模样的中年男子来取一笔大额存款。钟欣一看支票发现那张定期存单没多久就要到期，提前支取将损失一大笔利息，于是，她就提醒了这位储户。但这位储户说自己实在没办法，因为他预订的住房已到了交款的期限。于是她问清了他订房的楼盘，按照这个楼盘开发商的付款方式及相关的政策，为他设计了一套更合理的交款办法，这不但解决了他的燃眉之急，也让他获得了一大笔利息收入。

储户惊异于钟欣如此年轻，却有这么精到的理财头脑。同时，钟欣的服务也是绝对的热情周到，为储户想的办法很周全。钟欣也感到很开心，因为知道自己的知识并不是一点儿用都没有，她也为自己能有用武之地而欣喜。后来，她似乎已经将这件事情遗忘了，仍然继续做着自己的本职工作。突然有一天一家报社的记者采写的一篇关于她的报道上了报纸，这篇报道在当时引起了很大的反响。

原来，那个急着取钱的人是那家报社的主编。银行领导顺势而为，利用她的知名度，组建了以她的名字命名的理财工作室，顺应社会上开始出现的投资理财的新需求，使这家理财工作室在全市储户中产生了广泛的影响，也为银行创造了颇丰的收益。

其实接待那位报社主编时，钟欣并没有把他当作特殊的客户，更没有想到这是一个机会，她只是认真做好自己的工作，为储户着想。这件事成为她事业的转折点，并让她深刻体会到：善待工作和顾客，就是一种积极进取的人生态度，机会是无处不在的。

是啊，成功有的时候是需要机遇的，虽然你现在还不能得到满意的工作或者较好的收入，但机会通常是自己创造的，只要你有能力，并且在工作岗位上不断充实自己，机遇一定会有眷顾你的时候。要时刻记住，如果做好本职是 100 分，你要想着做到101分，这成功的机遇就是你的。只有坚持不懈地做好本职工作的人，机遇才能降临到你身上。

六、成功，是一个积累的过程

俗语说"笨鸟先飞早入林"，那是因为鸟知道，飞到树林是有一段距离的，不论何时起飞都要飞过那段路程，如果不想被饿死，别无选择，只有先飞过去。而那些不"笨"的鸟为什么不也飞早一点儿呢？因为有时他们过于骄傲，自恃有能力，反而吃了亏。

美国有一个年轻人，20多岁时就在商场上有了自己的一席之地。他不仅拥有丰厚的资本，更有非同一般的商业才干。很多人对他很感兴趣，因为在他的背后没有庞大家族财团的支持，他所拥有的一切都是靠自己的努力获得的。

当人们问他怎样才能快速地拥有如此多的财富时，他笑笑说："我的商业活动并不是一蹴而就的，只是我开始得比较早而已。"他详细讲述了他的商业历程。

这位青年从小在美国南部的农庄长大，很小就为农场工作，每天可以赚到25美分。他的父亲很注重培养他的商业才能，没农活时，便鼓励他找些"副业"来做。

他的第一项商业活动开始于5岁卖煮花生，那也是他第一次接触农场以外的世界。花生成熟的季节，他推着小车到地里收花生，运回家，把花生从秧上掰下来，洗净，在盐水里泡上一夜。第二天早上，天刚蒙蒙亮，他就开始工作了。花生要煮半个多小时，要入味但不能变软。然后他再把花生捞出，滤干，半斤一袋，分装二十多袋。每周六他起床更早，因为周末生意好，要准备四十袋。一切就绪，他把所有的袋放进大筐，骑上小自行车去普莱恩斯城里卖。

如果生意好，花生到中午就能卖光，这时他的口袋里就多了1美元。回家途中他必须经过一个加油站。普莱恩斯有几个老兵，在一战中受过伤，政府按月发给抚恤金。因为不需要工作，他们白天就坐在加油站外闲聊、喝酒。见这位少年有卖不掉的花生，他们也会买几包，但作为代价，他必须收拾他们丢在地上的垃圾并容忍各种恶作剧。他们中有个人尤其喜欢捉弄这位少年。8岁时的一天，生意不太好，剩下不少花生。那人让少年按他手指活动的方向迈步，如果他能做到准确无误，他就买下他全部的花生。

少年同意后，聚精会神地盯着他的手指，前进、后退、向左、向右……突然脚心一阵刺痛，原来他故意让少年踩上一个未熄的烟头，因为他没穿鞋（直到13岁上初中他才开始穿鞋），所以他疼得跳起来，众人捧腹大笑。因为他们都是这位少年的顾客，他忍着怒火，一声不吭地离开了。

那年，棉花的价格跌到最低，5美分1斤，25美元1包（500斤）。批发商积压了够卖两年的货物。他的父亲带他找到一个批发商，他用三年卖花生攒下的钱买了五包棉花，存在后院的小仓库里。几年后，棉花价格涨到18美分1斤，他卖了存货。刚巧附近农庄的承包人去世，他便买下他名下的五间农房，转租给农场雇工：两间小房月租2美元；两间大房5美元；另外一间2.5美元。也就是说他的投资每天都有30多美分的收入。

他经常去拜访房客，有时一个月好几次，直到收齐房租为止。他进入海军学院后，这项工作由父亲代劳。一年后，他卖掉了那五间农房，价格是买时的3倍。

就这样年仅16岁的他已经有了一笔可谓丰厚的资产，然后他继续做自己的生意，并开始从事房地产、金融等商业活动，逐渐成了商场上一颗年轻的新星。

不论是财富的积累，还是能力的培养，都需要一个过程，成功的人都避免不了要经历一个积累的过程。人们对这位商场奇少年的钦佩不仅仅是因为他的财产，更是因为他一步一个脚印地坚持自己事业的执着。

七、在必要之时向他人求助

85

在生活中，我们经常会遇到一些力所不能及的事情。有人奉行"万事不求人"

的处世原则，认为向别人求助很丢面子，也许还会招来别人的讥讽。因此，他们宁愿一人默默承担，也不开口求助。这种追求独立的想法可以理解，但它无助于事情的解决，有时，一味地遮遮掩掩只会使自己事倍功半。聪明的方法是坦诚地说出自己的困难，恳请他人帮助。这虽然看起来有些笨拙，但是却能更快地到达成功的彼岸。

小陶是某大学中文系的学生，毕业后进入一家艺术类报社工作。一天，他正在校对稿件，突然接到编辑部主任的电话。主任对他说，今天晚上在市美术馆有一个国际平面设计展的开幕式，届时一些业内的顶尖设计师将到场。由于报社专门负责平面设计工作的记者正在外地出差，所以编辑部决定派他去采访展览，并赶写一篇3000字左右的通讯，明天早上交稿。还没等小陶回答，主任就挂了电话。

小陶犯了难，他不是学美术的，对平面设计一窍不通。他去资料室找了几本平面设计类的杂志，刚看了几页，就有一种昏昏欲睡的感觉。对一个门外汉来说，怎么可能写出专业水平的文章呢？他想找个借口拒绝，但是刚才主任的口气是那样坚决，况且，这是他第一次独自外出采访，第一次接任务就临阵逃脱会引来其他人的嘲笑。于是当天晚上，他只好硬着头皮来到了市美术馆。

美术馆里人潮涌动，其他媒体的老记者们和那些设计师正聊得热火朝天。小陶则怯生生地在馆里踽踽独行，每遇见设计师就赶紧躲得远远的，生怕对方发现自己是一个外行。时间一分一秒地流逝，一些老记者已经完成了采访任务，踏上了回家的路，而小陶却连一点儿头绪都没有。他想，照这样下去，报道肯定是写不出来了，这可怎么向主任交代呢。一时间，他不知如何是好，急得差点哭出来。

正在这时候，他看见一个与他年纪相仿、挂着采访证的女孩径直走到一位设计师跟前，对设计师说："您好，我是一位实习生，对这个行业不太了解，您能不能介绍一些相关的情况。"那位设计师非常和蔼地向她介绍了业内的发展动态，并给她引见了一些设计师。

小陶眼前一亮，原来那女孩也是一个实习生。她都敢坦然地承认自己"无知"，壮着胆子去采访，自己为什么不行？

于是，小陶鼓起勇气走到一位面容和蔼的设计师跟前，向他自报家门，说明了自己面临的困难，坦诚地向他求助。他说："实际上，我是在请您给我指点怎么写这篇文章。我想，您是会帮助我这名新手的。"那位设计师望着他，笑了笑，便滔滔不绝地讲了起来。

打开了沉默的坚冰，接下来的采访就顺利得多了。小陶也像那些老记者一样，奔走于设计师之间，既坦诚地说明自己的情况，也大胆地向他们提出问题。很快，他的采访本上就记录了许多设计师的观点，报道的角度也变得越来越清晰。闭馆前，他已经有了比较成熟的腹稿。一回到家，他马上坐在电脑前，将构思好的文章精心写了出来。

第二天早上，他按时把稿子交给了主任。主任看后，连连夸奖小陶的采访能力。下午，小陶的文章就刊登在他们报纸的专版上。几天后，小陶才知道主任把那个任务交给他，就是想考验一下他处理难题的能力。现在看来，他已经顺利通过这一关了。

后来，小陶不断地运用第一次采访的成功经验进行采访，加之他的刻苦钻研，写出了许多很有分量的报道。不到半年的时间，他便成为报社平面设计的专职记者。几年后，他成了设计界公认的资深评论员。

小陶之所以成功，在于他在遇到困难时能大胆地向他人求助。常言道：一个篱笆三个桩，一个好汉三个帮。每个人都会遇到自己难解决的问题。当困难降临时，不要怕说"帮帮我"，因为别人的帮助能够使你更快地到达成功的彼岸。

八、忘记背景，忽略险恶

人们总是害怕遇到困难，但是所谓的困难到底是什么呢？其实有的时候困难不是阻挡在我们面前的高山大河、急流险滩，而是我们心中的畏惧。

一天，几个学生向美国著名的心理学家弗洛姆请教：心态对一个人会产生什么样的影响？

他微微一笑，什么也没说，就把他们带到一间黑暗的房子里。在他的引导下，学生们很快就穿过了这间伸手不见五指的神秘房间。接着，弗洛姆打开房间里的一盏灯，在昏暗的灯光下，学生们才看清楚房间的布置，也不禁吓出了一身冷汗。原来，这间房子里有一个很深很大的水池，池子里蠕动着各种毒蛇，包括一条大蟒蛇和三条眼镜蛇，有好几只毒蛇正高高地昂着头，朝他们"吱吱"地吐着芯子。就在这蛇池的上方，搭着一个很窄的木桥，他们刚才就是从这个木桥上走过来的。

弗洛姆看着他们，问："现在，你们还愿意再走过这座桥吗？"大家你看看我，我看看你，都不作声。

过了片刻，终于有3个学生犹犹豫豫地站了出来。其中一个学生一上去，就异常小心地挪动着双脚，速度比第一次慢了好多；另一个学生战战兢兢地踩在小木桥上，身子不由自主地颤抖着，才走到一半，就挺不住了；第三个学生干脆弯下身来，趴在小桥上慢慢地爬了过去。

"啪！"弗洛姆又打开了房内另外几盏灯，强烈的灯光一下子把整个房间照耀得如同白昼。学生们揉揉眼睛再仔细看，才发现在小木桥的下方装着一道安全网，只是因为网线的颜色极暗淡，他们刚才都没有看出来。

弗洛姆大声地问："你们当中还有谁愿意现在就通过这个小桥？"

学生们没有作声，弗洛姆于是问道："你们为什么不愿意呢？"

"这张安全网的质量可靠吗？"学生心有余悸地反问。

弗洛姆笑了："我可以解答你们的疑问了，这座桥本来不难走，可是桥下的毒蛇对你们造成了心理威慑，于是，你们就失去了平静的心态，乱了方寸，慌了手脚，表现出各种程度的胆怯——心态对行为当然是有影响的啊。"

其实人生又何尝不是如此呢？在面对各种挑战时，也许失败的原因不是因为势单力薄、智能低下，也不是没有把整个局势分析透彻，而是把困难看得太清楚，分析得太透彻，考虑得太详尽了，才被困难吓倒了，举步维艰。倒是那些没把困难完全看清楚的人，更能够勇往直前。黑暗中也能闯出一条路来。

如果我们在通过人生的独木桥时，能够忘记背景，忽略险恶，专心走好自己脚下的路，也许能更快地到达目的地。

九、在危险面前冷静、沉着

没有身处困境的时候，人们都会有很多解决困难的办法，谈到各种应对的措施也都会说得头头是道。但是真的身处困境时，人们往往就乱了阵脚，所有的应对计谋都不知去向了。所以面对危急时刻，除了智谋之外，更重要的是沉着应对。

公元190年（东汉献帝初平元年）冬天，吴郡富春人孙坚（孙权的父亲）准备出兵攻打专权的董卓，替天行道。

兵马未动，粮草先行。孙坚筹划派长史公仇称去押运粮草。时值隆冬，天寒地冻，外出押运粮草真是太辛苦了。为此，孙坚特意在鲁阳（今河南鲁山）城东门外拉起帐幕，摆下酒席，欢送公仇称。箫管齐奏，斗酒不停。众官员全聚会在台上，众士兵威严地排列在台下。

谁知，正在这时，董卓的步兵骑兵几万人突然开到鲁阳城前，把鲁阳城从外围围了个水泄不通，摆出一副马上要攻城并志在必胜的模样，军情十万火急。

大敌当前，众官员惊慌失措，惶恐地看着孙坚；孙坚似乎没看到大家的焦急之色，依旧跟将领们对饮说笑。他还特意走到公仇称面前，举起酒杯微笑祝贺："长史，如今冰冻三尺天，此行多有辛苦，我现在敬你三杯，就算我敬的暖肚酒，祝君一路平安！"孙坚若无其事谈笑自如。

他一边畅饮，一边暗暗吩咐将领："整好队伍，不要乱动！"董卓的人马越聚越多，孙坚这时才搁下酒杯，停止饮酒。他缓缓站直身子，挥手示意部队有秩序地列队返回城内。

董卓的官兵看到这一幕情景，心中倒没底了：大敌当前，这孙坚还说说笑笑，队伍不乱，天下哪有这号事？准有埋伏。他们没敢攻打城池，竟如潮水般沿原路退回去了。

事后，一起跟孙坚饮酒的将领们问："孙将军，您真是胸藏百万雄兵！我们快

89

吓破胆了！"孙坚笑了："刚才，我没急着站起来跑回城里，全为了稳定士兵情绪。这关键时刻，士兵的眼睛全盯着将帅，我一怕，士兵肯定要大乱，就会互相践踏、堵塞道路。这样的话，你们各位也没法退到城里，哪能再有机会喝酒呢？来，再摆酒宴，我们大家还得为长史敬杯酒。"

"对！对！再敬一杯送行酒！"众将官齐声高喊。孙坚开怀大笑，谈笑风生："刚才被董卓手下不知趣的兵将扫了我们的酒兴，现在补上！"

面对困难的时候最怕的就是自己先乱了阵脚，很多时候，困难并不像我们想象的那么难，只是面对困难我们不够沉着。冷静下来，才能想出好的办法，才能解决眼前的困难。

十、天才来自勤奋

勤奋不是天生就有的，而是后天养成的。产生勤奋的原因有多种，有的是心怀抱负和信念，也有的是因为某种原因或在某些事情上受挫，从而勤勉起来。下面的故事就能给我们以启迪。

据说，清末时梨园中有"三怪"，他们都是因为勤学苦练成了才。

瞎子双阔，自小学戏，后来因疾失明，从此他更加勤奋学习，苦练基本功，他在台下走路时需人搀扶，可是上台表演时却寸步不乱，演技超群，终于成为功深艺湛的名须生。

另一位是跛子孟鸿寿，幼年身患软骨病，身长腿短，头大脚小，走起路来很不稳便。于是，他暗下决心，勤学苦练，扬长避短，后来一举成为丑角大师。

还有一位是哑巴王益芬，先天不会说话，平日看父母演戏，一一默记在心，虽无人教授，但他每天起早贪黑练功，长年不懈。艺成后，一鸣惊人，成为戏园里有名的武花脸，被戏班子奉为导师。

天才来自勤奋，不过这"三怪"各自都身带残疾，他们为什么能够成才呢？他们不被自身的缺陷所压服，身残的压力让他们更加坚定了人生的信念，看似失败的人生，实际还有通向成功的途径，他们身残志坚，扬长避短，再加上勤奋，于是，他们从勤奋中创造了最好的自己，同时也成就了一番事业。

华罗庚说："勤奋补拙是良训，一分辛劳一分才"。勤奋终能越过暂时的失败和挫折，而最后获取成功。

"宝剑锋从磨砺出，梅花香自苦寒来"，大凡有作为的人，无一不与勤奋有着难解难分的渊源。只要勤于工作，就会有成功的必然。所以，我们应该勤勉地工作，无论什么压力，我们都要有勇气战胜它。

十一、面对问题，不可掩耳盗铃

众人大都偏好皆大欢喜的故事，因为我们希望自己的人生也能如同故事中所说的那般完美无瑕。完美无瑕的标准究竟是什么？恐怕没人能给出一个标准答案。但无论差别有多大，至少会有一个共通之处——生活随心所欲，不会出现任何问题。

倘若将人生比做行路，问题便是人生路上的碎石，无论大小，都会让我们觉得踩起来很不舒服，都是心头的一堵障碍。一旦出现问题，至少从心理上来说，这生活就已经不完美了。只是看着就已经心里别扭，若要解决，更得耗费大量的脑力、体力、财力、物力、精力……这对不少人来说都是一番让人头疼的浩大工程。于是，我们渴望的生活状态与种种问题便成为水火不相容的冤家。

在这场完美与现实之间的斗争中，前者往往居于下风。因为，生活的一帆风顺只能出现在幻想之中。现实就是现实，它始终充满着大大小小各式各样的问题。真正的"完美"如海市蜃楼一般遥不可及。即使偶然出现，也不过是昙花一现，转瞬即逝。

既然得不到完美，不少人便退而求其次：反正问题总是客观存在，那么不妨考虑从主观上去消灭它，寻求心理上的慰藉。毕竟生活是通过眼睛、耳朵反映在心中的世界，如果闭上眼睛、捂住耳朵，不就看不到问题了吗？于是，整个世界便清静了、完美了！然而，这样的完美果真很美吗？

《吕氏春秋·贵直论》中曾记载这样一则故事：

春秋时期的某一天，在家养精蓄锐，享受完美生活的宋康王突然接到前线使者来报，说齐国已经发兵攻打自己，大军压境百姓惊慌，情况十分紧急。

宋康王觉得很不可思议，自己的人口、兵力哪一点都不比齐国弱，他们怎么可能来攻打宋国？本来好好的心情，就被这使者的话搅乱了，宛若平滑如镜的湖面被一颗石子搅起了刺眼的波纹。宋康王十分不满，于是便在众大臣的怂恿下，砍掉了这个使者的脑袋。

不过问题的突然出现，始终让宋康王感到不安。于是他又派出第二个使者去前线打探。不多日，使者匆忙回报，说齐国已经越过了边界，正在向宋国国都逼近，百姓已经开始向西迁。

问题似乎变得更大了，宋康王不愿意去想，于是杀掉了此人，同时又派出了第三个使者。第三个使者带回来的信息也如此，自然也就成了刀下冤魂。宋康王始终不相信齐国会来攻打自己，于是又派出了第四个人。这个人出去没多久就回来了，乐滋滋地告诉康王，外面一片平安景象，根本看不到齐军的影子。前三个人都是在撒谎而已。康王大喜，看来真的没有问题！于是他便重赏了那个使者。使者见自己居然还能得赏金，欣喜之余，急忙回家收拾细软连夜逃出了宋国。

原来，这位使者在出城后不久，便看到远处漫山遍野都是齐国的军营。他们正在磨刀霍霍，准备对宋国国都进行围攻。时间紧迫，于是他立即飞奔回城，准备通知宋王。可就在进城的那一刹那，使者犹豫了。

如实汇报？还是故意隐瞒？这是个问题。

倘若如实汇报，自己的下场估计比前面几位使者好不到哪里去。然而隐瞒军情同样也是死路一条。正在进退两难之际，他恰好遇到了自己的兄长，于是将自己的顾虑告诉了兄长。其兄说道："老弟，你脑子没坏吧？如果告诉康王实情，你死定了。倘若不告诉他实话，你或许可以悄悄逃走，如此还有一线生机。"

正所谓一语惊醒梦中人。使者听后茅塞顿开，于是才斗胆在殿上隐瞒了实情。

他当然没想到，自己不仅没有被砍头，反而得了许多银两。不过宋都肯定是待不下去了，如果齐军攻进城，即使他们不杀自己，康王也会要了自己的小命。当务之急自然是连夜跑路。数日之后，齐军攻入宋都，毫无防备的宋军被杀得丢盔弃甲。康王趁乱驾车逃走，宋国就此灭亡。

美国作者阿·哈伯德曾写道："人可以把自己关闭在密室，以否认光明的存在。然而，光明却不会因此放弃照耀大地。"同样，我们闭上眼睛、捂住耳朵，于是便看不到、听不到问题了。可是问题却依然不会消失，而且会导致更多的问题以几何级数发生。

不愿面对问题的人，总是寄希望于问题自行消失。认为只要看不见、听不见，它们便会识趣地离开自己。然而，断了的钉子可能自动复原吗？摔断的马腿会自己长好吗？死掉的将军能够复活吗？阵亡的将士是否能再次起身战斗？

任何对问题视而不见的行为，都无疑会使自己陷入无法自拔的钉子效应之中。如果为了一时清静不愿面对初期的小问题，就必须作好付出更大代价的准备。恐怕没有人会像宋康王那样，因为对问题的视而不见，而去品尝灾难性的苦果吧！

人非圣贤，孰能无过？从某种角度来说，康王是无辜的。他只想过属于自己的"完美生活"，这本无可厚非。不过现实就是如此，问题始终会出现。倘若最初的他能放弃掩耳盗铃的思想，大胆地去面对现实，想办法克服而不是逃避问题，或许宋国的结局又将是另一番天地。

所以，与其做一个掩耳盗铃的人，倒还不如大大方方地面对困难。这才能真正使我们早日过上趋于完美的生活。

十二、磨刀不误砍柴工

在我们的生活和工作中，常常会面对"事与愿违"的无奈。不是所有的努力都能得到预期的回报。有句话叫"谋事在人，成事在天"，所以很多人认为，努力没有得到回报是因为上天的不公平。可现实生活中确实不是所有的努力都有相应的回报的，当你的努力一直没有得到回报的时候，不妨停下来，检讨一下自己的努力是不是方法不当的蛮干。

从前，有一个年轻人到山上砍树，刚去砍树的时候，他每天都是非常努力地工作。别人休息的时候，他也不休息，还是非常努力地砍树，不到天黑，绝不罢休。他希望有朝一日能够成功，趁着年轻有力气的时候多干一些，为以后的生活积累一些积蓄。可是来了半个多月，他竟然没有一次能够赢过那些老前辈，明明他们都在休息，为什么还会输给他们呢？

年轻人百思不解，以为自己不够努力，下定决心明天要更卖力才行。结果呢？隔天的成绩反而比前几天还差，这使得年轻人更加的迷惑了。为什么呢？他一直也想不明白。这个时候，有一个老前辈叫这个年轻人过去泡茶喝，年轻人心想：我的成绩那么差，哪还有什么时间喝茶休息呀！便大声回答："谢谢！我没有时间，我得抓紧时间多干些活儿。"

老前辈笑着摇头说："你知道为什么你那么努力，却还没有我们这些老头子的成绩好吗？"

"为什么呢？"小伙子好奇地问着。

"傻小子！一直砍树，都不磨刀，你能砍得多么？成绩不好，迟早要放弃的，真是精力过剩。"原来，老前辈们不是单纯地坐下来泡茶、聊天、休息，同时他们也在磨刀，难怪他们很快就能砍很多树，原来他们有一把锋利的刀斧。

老前辈拍拍年轻人的肩膀说道："年轻人要努力，但是别忘了要想办法省力，千万可别用蛮力呀！"老前辈让年轻人看了他刚磨好的刀斧，年轻人顿时觉得眼前一亮，原来成绩不是光靠努力就能得来的，还需要去休息，并在休息时把刀斧磨锋利。

"磨刀不误砍柴功"，拼命地工作不一定就能取得成功。阻碍你前进的不一定是你前面的高山大河，还有可能是你自己没有系好的鞋带。不要急着大踏步地前进，要先看清自己的脚下有没有什么牵绊。下面的故事，可能会给我们更多的启示。

一天动物园管理员发现袋鼠从笼子里跑出来了，于是开会讨论，一致认为是笼子的高度过低造成的。所以他们决定将笼子的高度由原来的 10 米加高到 20 米。结果第二天他们发现袋鼠还是跑到外面来，所以他们又决定再将高度加高到 30 米。没想到隔天居然又看到袋鼠跑到了外面，于是管理员们大为紧张，决定一不做二不休，将笼子的高度加高到 100 米。

一天长颈鹿和几只袋鼠闲聊，"你们看，这些人会不会再继续加高你们的笼子？"长颈鹿问。

"很难说。"袋鼠说，"如果他们再忘记关门的话。"

不关上门，即使把笼子加得再高也不可能把袋鼠关住，再多的努力都将是徒劳。急着匆匆赶路，不如先停下来，看看自己有没有走错路。

第五章　鱼与熊掌的取舍智慧

一、有德才有得

小德小得，大德大得。有大德的人，才能大得；大得的人，必有大德。

——老子

据有关专家研究，在很早以前，人们就非常重视"德"与"得"。然而，"德"是以"得"的面目体现出来的。所以，"德"与"得"是相辅相成、息息相关的。在人的一生中，"德"的修炼，就是"得"的修炼。在生活中，小德小得，大德大得。有"大德"的人，才能"大得"；"大得"的人，必有"大德"。因此，有德才有得，德是得的条件，得是德的结果。尽其能、成其德，就会有所得。

事实也证明，有才才有财，有为才有位，有诚才有成，有德才有得。那些成功人士之所以能成功，就取决于细微而不起眼的德与得之间。正如著名的"思想之王"伏尔泰所说的："造就政治家的，绝不是超凡出众的洞察力，而是他们的品格。"人格德性是最重要的，能力是相对而言的，好的品德是最可靠的事业资本。因此，良好的德性，不仅能使事业有所得，而且，还能得到有意义、有价值的人生和完美的未来。

在人生中，德与得，孰轻孰重，须得仔细分析。"德"作为一种精神境界，理性追求，作为参与者众，涉及面宽，没有止期的培修过程，内涵丰富，但并不玄秘，有时还十分简单明了，简单得像把尺子，明白得像面镜子，随时可以用来对照自己，检测所有人。这尺子和镜子就是个"得"字。用"得"能测出人品，照透心灵，判明其人"德"与否，鉴定"君子"真与伪。自己得而重德，则名垂青史。"德"予人民越多，"得"对己便越无奢求。所以"得"并非金钱名利，而是人心所向！相反，如果一个人弃德而贪得，那么，必将堕落为一个失败的人。比如乐得其所，非分莫取，为理想为他人，应得既得都能"舍"就是"德"，反之，见利忘义，"贪"得无厌，得陇望蜀，欲壑难填，不惜以身试法，铤而走险，却偏又要装作谦谦君子，何"德"之有？

当然，德与得也并不是两个完全独立的个体。古往今来，"德"与"得"都是如影随形的。在"贪"得之后，紧随的便是缺"德"。在历史的长河中，因"德"而名垂史者不乏其人，因"得"而身败名裂者同样是史不绝书。比如，得到非分的公款吃喝玩乐，便缺少了做公仆的德操；得到他人的贿赂，便缺少了当权者的德政……但是贪图这样不义之财的人，最终毁灭的只能是自己。此类现象绝不少见。这些人每"得"一次，就向葬送自己的坟墓进一步，轻则进铁窗，重则丢脑袋，无不是自绝于人民。多行不义必自毙，只为"得"而不顾"德"的教训值得人们永远警省和反思。

做人以德为本，善始善终，总会有善的回报。如果再用这份得去筑造德，将暂短的有形之得，融于身内长久之德，德将伴随着人的本性随着时间的发展而产生变化，在历史发展的各个阶段，将展现出不同层次的"得"来，用于家庭生活，用于工作和事业，用于造福人类。这时，一个人既具有为社会和他人做贡献的优秀品德，又得到了回报，何乐而不为呢？拥有这种德行，不用寻"得"，得自然会来。正如孔子说的："为政以德，譬如北辰，居其所而众星拱之。"

古语有云，得人心者得天下。何以得人心，恐怕就非"德"莫属了。在古代，立德就是做圣人，创制垂法，博施济众。随着时代的发展，德就是常怀爱心，积善积德，争做一个从内在涵养到外在风范的高尚典范。随着更多"德"的成长与成熟，人类逐渐就会走向文明的社会。在这样的社会里，人们更是追求与德同行。总之，只有立德于未来，只有善始善终的人，才会得到"善"的奖赏。正如古人所云："积

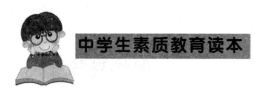

德之家，必有余得；如不积德，必有余殃"。

二、当断不断，反受其乱

第二次世界大战期间，艾森豪威尔指挥的英美联军正准备横渡英吉利海峡，在法国诺曼底登陆，展开对德战争的另一个阶段。当时，诺曼底登陆战的所有准备工作都已就绪，这时候，英吉利海峡却阴云密布、巨浪滔天，数千艘船舰只好退回海湾，等待海上风平浪静。

这么一等，足足等了四天，天空像是被闪电劈开了一条裂缝，倾盆大雨连绵不绝，数十万名士兵被困在岸上，进退两难，每日所消耗的经费、物资，实在不是小数。将士们心急如焚，而且时间拖得久了，德国人也会察觉，从而使盟军数月的努力付之东流。

6月4日晚，气象主任斯泰格上校报告说：从6月5日夜间开始，天气可能短暂变好，到6月6日夜间，很快又要变坏。是于6月6日行动，还是继续延期？艾森豪威尔一时也难以决定。参谋长史密斯认为："这是一场赌博，但这可能是一场最好的赌博。"艾森豪威尔也明白这是千载难逢的好机会，可以攻敌于不备，只是这当中也暗藏危机，万一气候不如预期这么快好转，很可能就会全军覆没。

最后，艾森豪威尔下定决心："我确信，是到了该下达命令的时候了。"艾森豪威尔经过慎重的考虑之后，做出了他一生中最重要的一个决定，"霸王"行动将按计划在6月6日实施。他在日志中写下："我决定在此时此地发动进攻，是根据所得到最好的情报做出的决定……如果事后有人谴责这次的行动或追究责任，那么，一切责任应该由我一个人承担。"不过，幸运的是，他最终赢得了这场赌博。事实证明艾森豪威尔的决策是对的：仅在第一天，盟军就有15万多人成功登上诺曼底；而十余天后，英吉利海峡的天气"是20年来最坏的天气"，暴风雨甚至毁掉了一座人工港湾。

给你正能量

人生的路上往往会面临许多选择。当面对形形色色的抉择时应该如何取舍？面对抉择，有些人往往会犹豫，犹豫，再犹豫，三思，三思，再三思。可是，时不待人，我们常常为痛失了机遇而扼腕叹息。当年项羽和刘邦争夺天下，只因项羽太多情，太优柔寡断，使本该属于自己的天下成了别人的囊中之物，自己也落个夫人不保，终至拔剑自刎的下场，所以当断不断，反受其乱。

在我们的生命当中，犹豫是人生成功的首要敌人。犹豫，使人失掉的是一个个机会，许多本可以成功的人，正是因为没有克服掉犹豫这个缺点，与一个个机会无缘，而抱憾终生。所以，要想成功，必须有果断的精神。美国富翁爱琳·福特在谈到自己的创业历程时，曾说："想成为富翁的人必须相信：自己的命运要由自己来决断，有了决断就必须马上付诸行动，只要你决定做什么事，就一定要有无论怎样都必须去完成的精神。"在失败和成功的关口一定要审慎地抉择，所谓当断不断，必留后患。不要瞻前顾后，否则你将失去良好的机会。爱拼才会赢，如果你决定了要干一件事，那么就将过去的一切都统统抛开，果断地迈出你的第一步。

有一位诗人说："不能把握到的，我们就必须泰然放弃，不论是诗，是自然，还是七彩斑斓的情意。"当断不断，必受其乱。减损、割舍，并非完全是坏事。甚至，当断则断是减损得益的前提。如果一味纠缠那些毫无结果的东西，势必走入死胡同，把本该放弃的又拼命地追求；而把本该苦苦追求的，却又毫不怜惜地放弃，到头来会一事无成。人的生命是有限的，执着是一种精神，放弃是一种勇气和境界。当然，盲目地减损并不可取，还要善加取舍。善加取舍，是智慧的主动减损，而不是愚蠢地被动失去。天地悠悠，任何人都需要一颗平常心，既能虚心地接纳也能平静地舍弃。

三、面对诱惑，学会拒绝

99

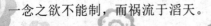

一念之欲不能制，而祸流于滔天。

——程颐

人生在世，处处隐藏着诱惑，诱惑是某种事物、某种场景、某种意识形态触动了自己那根敏感的神经后，让自己的身心得到短暂快感的毒药。诱惑不过是你眼前的海市蜃楼，当你沉浸于得到小利而沾沾自喜的境界时，祸患也就乘虚而入，侵入你的五脏六腑，你将会为这昙花一现的拥有付出沉重的代价。

有两个叫花子是非常要好的朋友，在行乞的生活中相互帮助，一同挨过了一个又一个的苦难日子。

有一年的冬天，天气寒冷。一天，两个又冷又饿的人准备在一座破庙中过夜，突然甲在佛像的供桌上发现了一个已经发霉变味的硬邦邦的馒头，虽然两个人都饥肠辘辘，但甲还是把馒头掰成两半，两个人分着吃。吃过后，乙建议再找找，说不定还能找到什么有用的东西。两个人就开始在小庙里四处搜寻，功夫不负有心人，两人竟然在角落的草堆里找到一个袋子，里面全是钱，面对如此巨大的一笔横财，两人欣喜若狂。

乙说："老天爷对咱们可是太好了，这么多钱，咱两人一人一半，以后就有好日子过了。"

甲也激动地说："是呀，是呀，这么多钱，以后再也不用受苦了，刚才半个馒头也没吃饱，你看着钱，我去买点吃的。"

乙附声说："多买点好吃的，咱现在有钱了！"

甲出去了一会儿就回来了，人还没到庙门就喊："我买东西回来了，看买了什么，烧鸡，还有酒。"甲刚进门，后脑就被什么东西打了一下，晕死过去了，躲在门后的乙走出来，将他翻过身来说："兄弟，对不住了，我会好好安葬你的。"说罢，拿起甲买来的酒和肉大口吃起来，半个时辰不到，就觉得腹中剧痛难忍，原来酒中有毒药，一会儿就一命呜呼了。

诱惑的力量是无法言语的，它可以让人丧心病狂，为了自己的利益去害他人性命。面对一个馒头，两个人可以分而食之，而面对金钱的诱惑，却钩心斗角，争个你死我活，断送自己的性命。在这个物欲横流的世界上，每个人都会面对很多诱惑：炎炎夏日，冰橱里琳琅满目的冰激凌是一种诱惑；商场中，各式各样的服装是一种诱惑；官场上，炙手可热的权力是一种诱惑；而对他人拥有的车、房、钱，更是一种诱惑……而金钱产生的诱惑，使多少达官贵人银铛入狱，多少人丢了性命；美色的诱惑，使多少人不顾廉耻，不顾人伦，甚至铤而走险，走上犯罪的道路；权力的诱惑，使多少人挖空心思布设陷阱，用不正当的手段牟取私利。诱惑能使人失去自我，一不小心就会掉入生活的深渊中。诱惑如恶魔，撕扯着人原本纯真的心灵；诱惑又如毒药，湮灭着人的灵魂；诱惑更如巨狮，吞噬着人的生命，最终是竹篮子打水一场空，落得鸡飞蛋打的结果。因此，在人生的旅途中，面对各种诱惑，我们也要学会对诱惑说"不"，远离危险！

在悬崖旁边有一堆黄金，很危险，想要得到黄金，随时都有掉下去的可能，但如果能拿到黄金，就衣食无忧。第一种人是面对诱惑，铤而走险，以侥幸的心理去取黄金；第二种人会想到危险，但还是有想去试试的心理；第三种人会远离悬崖，而且是越远越好，不去想那天上掉馅饼的好处。但古往今来，诱惑"引无数英雄竞折腰"，克制欲望、抵抗诱惑真是件不容易的事。

夏娃因挡不住苹果的诱惑，被逐出了伊甸园；和珅因挡不住金钱的诱惑，成了人人唾骂的大贪官；商纣王因挡不住酒池肉林的诱惑，丢失了大好江山；吕布抵挡不住美女的诱惑，最终落了个英年早逝的下场。诱惑是心灵深处最黑暗的魔鬼，一旦被触及，如果控制不好，就无法摆脱，无法压抑，更无法抗拒，只得变成它的奴隶。但反过来想，其实诱惑的恶果是自己给自己的，面对金钱，有视财如命，永不满足的，也有视其如粪土，懂得去布施的，这只能说明一个人的心态决定其对诱惑的选择。生活中确有不少人为了祖国、社会的利益，拒绝诱惑，赢得了人民的赞誉，实现了自己人生的价值。是诱惑不够大吗？不是，他们在诱惑、不安、烦乱中冷静，在动摇、坚定、平衡中成长，他们能摆正自己的心态，正确处理诱惑与欲望，朝着自己人生的伟大目标走那条属于自己的路，能让自己平稳而幸福、成功的路。

在布满了诱惑的人生路上，我们要学会拒绝，远离诱惑。轻轻吹一口气，让它离你而去，你才会快乐，才会轻松，才能平安。

四、人生中漂亮的回旋

在我们的生活中，每天零零碎碎的事情不少，有时我们需要化为锋利的尖刀去刺穿面前的一切艰难险阻，有时我们需要化为太极大师去迎接生活原本的事实以抵挡我们身边的风风雨雨。有人曾经说：人生犹如登山，当你征服了一个高度时，你便拥有了更广阔的视野，就有了更远大的理想和志向，同时也有了新的目标。这句话说得很好，但需要补充一点：不断征服新的高度固然好，但如果有时候后退一步，面前的道路可能会宽广许多，你便有了更多，乃至更好的选择。

小美是在两年前从武汉一所师范院校毕业后来京正式加入北漂一族的。北京高校林立，人才众多，她在各大人才市场奔波一个月后好不容易找到了一份文秘的工作。她工作一直很努力，深得老板的肯定，在公司的人缘也不错。

一开始，小美挺满意这种早九晚五，日出而作，日落而归的上班生活，周末没事的时候可以游走在北京的大街小巷，吃吃老北京的小吃，看看老北京的风情，每天的小日子也算过得有声有色。

半年后，小美开始有点儿迷茫，在参加完大学同学的聚会后便更加肯定了自己的这种迷茫源于自己对现有生活的不满，可想想觉得在工作上老板挺赏识，还说要把自己培养成公司的骨干，还有什么不满意的呢？再说自己只毕业于一般的师范院校，虽然学的是计算机专业，可在学校并没有学到什么，又能做些什么工作呢？虽不满意，可目前总能养活自己不至于让自己流落街头啊！

小美想再次走进学校，多学点儿知识，她把自己的想法告诉了周围的一些朋友，才发现大家都有跟自己一样的想法，可谁都不愿去冒风险。最近这几年大学毕业找不到工作的大学生满街都是，再去学习还得一笔昂贵的学费，自己可不能再向家里要钱了。父母只是普普通通的边城小市民，家里收入只是那点可怜的薪水，读书这些年把家里的积蓄也花了个精光。

时间一天天过去，这个城市快速发展的脚步不会因为小美的烦恼而停留片刻。

在一年后的第二次大学同学聚会上，小美告诉她的朋友，半年前她谢绝了公司老板的挽留，从公司辞职。她一边攻读中国人民大学商学院的在职研究生，一边在国内某家数一数二的证券集团工作，目前还被派到旗下一个银行工作。小美已经做好了今后的职业规划，准备将来做理财规划咨询师，完成自己职业生涯的完美转折。

聚会上小美说话时露出了幸福表情，眼神发亮，手舞足蹈，志得意满。可很少有人知道，她光彩的背后充满艰辛。当初小美刚辞职的时候，交完了学费后积蓄已所剩无几，由于专业的转变，前半年小美不得不投入全部精力进行专业学习，那段日子过得很拮据，但她精神上很富有。

就这样，小美朝着她的完美生活奔去了。如果当初小美没有"退"进学校给自己"充电"，没有再次的失业，或许现在她还在办公室里想着每天的柴米油盐呢！

人生的际遇很奇妙，人生的抉择更像一场足球比赛，战术的改变或许会改变全局喔！

五、手握选择的权利

在我们有限的生命中，上苍赋予了我们许许多多宝贵的礼物，"选择的权利"就是其中一项。

既然上帝赐给了我们，我们就有权去思考、说、行动，也有权决定自己的举止，要不要相信某些事情。一般人总以为只有在决策时才需要选择，其实，即使不是进行决策，我们所做的每件事情也都是一种抉择。

日常生活中会让我们产生压迫感的事情多得不胜枚举，其中，失去控制感就是最令人头痛的一项。我们之所以会感受到自己拥有控制感，就是因为我们有选择的权利，要是有人硬生生剥夺了我们这项天赋权利，就等于要我们不能自主地思考、说、行动……要我们没有受压抑、痛苦的感觉都难。

正因为这是上苍赋予人类的礼物，所以，不论面对何事，我们都可以自行决定

103

是不是要插手；选择权永远在我们自己手中。暂且不管我们做了什么选择——勇于面对事情也罢，逃避现实也好，只要一抉择，我们就会感到那种控制感又回到自己的身上。

很多人老是抱怨自己活在别人的阴影底下，什么事都由别人控制着，自己就像是个傀儡一样任人摆布。殊不知要怎么活、该怎么过都是自己选择来的，哪能怪得了他人。

没错，人总是有很强的控制感，除了想完全控制自己之外，也想控制别人。无形之中，他人的一举一动会侵犯你的权利领域，但是，当碰到这种外来的侵犯时，你本身的控制感难道不曾抵抗过吗？

因此，假如你也有过丧失了控制感的迷惑，你该自省一下，自己是不是了解自己的选择权利何在？有没有充分运用它？

想要对自己好一点儿，就该善用你的控制权，这样才能减少压迫感。

没人能完全左右自己的命运，但至少该充分掌握选择的权力，在抉择之后，又全力以赴，成败就不必计较了。

由于苦难、逆境，甚至是生理缺陷，产生和造就出了一些伟大的人物，因此在很多人的心目中便形成了对苦难和逆境的崇拜，而这种崇拜往往是盲目和消极的。实际并非如此，不论逆境还是顺境，都要有积极健康的人生态度，即使步入顺境也要努力为自己设置新的高尚目标，在追求这一目标中迎接新的困难和挑战，从而发展和完善自己的人格，而不可以倒退或停留，在困苦中应该保持积极心志。逆境并非是造就积极人格的充分条件，无数处在困苦和逆境中的人没有任何改变现状的动力。仅就客观环境而言，我们至少可为这种缺乏刺激的逆境找到两个原因：一是这一环境是封闭的，没有对比的苦难不会给当事者更多的刺激；二是这一环境是窒息的，处在其中的人看不到任何改变和跳出这一环境的机会。于是他们就认命了。逆境中的压力可以成就一些人，也可能摧毁一些人。逆境中产生的过度自卑会瓦解一个人的活力。

一个有抱负的人，必定想在社会中实现自己的理想，让自身价值得到社会承认。

但是我们每跨出一步，常会遇到一些意料不到的阻力。不同的环境对人们的作用是不同的。顺境与逆境、苦难与舒适使当事者付出的代价也是不同的。我们的哲学不是在陈述和分析这些代价后，使人见异思迁或替自己堕落与沉沦辩护，而是帮助人们认清现实，更好地适应地位的沉浮与环境的变迁。

各个击破，有时也可以作为我们日常驾驭环境之术。一次，世界著名音乐大师施特劳斯带着他的交响乐团到美国波士顿演出。首场演出结束后，痴迷的听众高呼着施特劳斯的名字，不肯让乐队退场。施特劳斯为不让他的观众扫兴，便同乐队队员们继续演出。等到听众们尽兴而归时，早已是夜深人静。"如果再这样下去，乐团将被掌声搞垮。"面对热情的听众，施特劳斯又高兴又忧虑，如何才能用一个万全之策，让乐队顺利退场，又不使听众扫兴呢？一个妙计在他脑海中产生了。第二天，当演出临近结束时，施特劳斯指挥乐团演奏了一首新谱的曲子。只见他在一小节与另一小节过渡的时候，暗示一名乐手起身退场。专心致志的听众以为是演奏内容的需要，没有在意。演奏仍在继续，乐手一个接一个地退下场去，等最后一名乐手起身退场时，施特劳斯转身向观众深鞠一躬，也走下舞台，大幕随之徐徐落下。这时，听众们才醒悟过来，掌声四起。可是大幕已经落下了，观众只好作罢。

施特劳斯采用逐步解脱的办法，解决了乐队退场的难题，不也有各个击破的韵味吗？不向逆境低头，我们才有勇气和信心战胜暂时的困难。记住：抉择权在自己手中。

六、分清利益的轻与重

做事情总有一个轻重缓急。聪明人懂得如何在关键时刻做最重要的事情，而不重要的东西就应该果断丢掉，舍不得丢弃小的利益，只能失去更多的东西，做本末倒置的蠢事。

佛教经典《百喻经》中讲述了这样一个故事：

105

从前有一个经商的人，带了两个年轻的儿子和一头骆驼及许多贵重的货物，想到很远的地方去做生意。他们选了一个春光明媚的早晨出发。父子三人牵着骆驼前进，他们看到农夫在田野工作，商人就对儿子说：

"世间的万事，哪一件不是经过千辛万苦的经营，而后才得到血汗的成果。你看农夫若无春天辛劳的工作，哪有秋天的收获。"年轻的儿子说："爸，我们出门经商，不也像农人的春耕，若不经遥远的旅途奔走，哪能赚得最优厚的利润呢？"商人点点头表示同意儿子的看法。

他们经过田野，穿过森林，开始爬山了。若翻过这座山便到了做生意的地方。可是不幸的是，在爬山的时候，载货物的骆驼忽然倒在山路上死了，这使他们感到无限苦恼。父子三个人只是呆呆地坐在那里叹息，不知怎样处理善后才好。最后，父亲说："先将骆驼身上的货物卸下来再说。"

两个儿子立刻动手卸下了骆驼身上的货物。货物卸下后，父亲又说："骆驼已经死了，它的皮还有用处，就将它的皮剥下吧！"又忙了一阵，三人将骆驼的皮剥下来。父亲心想：既然货物无法运到市场上去卖，只好回家再准备一头骆驼，来运这些货物。于是吩咐儿子说："现在我回家，再牵一头骆驼来，你们好好看着这些货物，特别是这只骆驼皮，不要使它损坏。"

商人吩咐后，便一个人下山去了。没想到第二天竟下起大雨，两个年轻人见下大雨，便想起父亲的嘱托——照顾骆驼皮，于是将货物中最珍贵的白毛毡，覆盖在骆驼皮上。大雨下了好几天，白毛毡被雨水损坏了，而骆驼皮也腐烂了，其他的货物也统统被损坏了，最后一无所有。当时两位青年若是理智些，用骆驼皮盖住那些货物，还可能保存一些。而他们却没有这样做，真是很可惜的事情啊！

两个儿子只记得父亲的叮嘱，却不懂得分清轻重缓急。虽然骆驼皮很贵重，但是也抵不过全部货物的价值。在生活和工作中，我们也总是面对各种不同的取舍问题。很多时候人们就是因为不能放弃小的利益，而使自己失去的更多。

七、抓得太紧，失去得更多

相传，南宋时期有一个青年人去找一个高僧指点迷津。他对大师说："大师，为什么命运对我这么不公平，我怎么什么也没有呢？"

"你把手握起来，现在你手里有什么呢？"大师微笑着对那个青年人说。

青年人紧紧地握紧双手，看了一下，然后对大师说："我手里什么也没有。"

"现在请你打开双手，看看你手中有什么？"大师说。

"还是什么也没有呀？"青年人疑惑地问道。

"你再看看，世界不是已经都在你的手中了吗？"大师说道，"紧握双手，什么也抓不到，只有当你放开的时候，你才能真正的拥有，拥有整个世界。"

青年人终于明白大师的深意，会心地笑了。

对于自己喜欢的东西，人们总是表现得很吝啬，总是有着强烈的占有欲，尤其是钱财，很多人终其一生孜孜不倦地为钱财奔命。回首其一生，只能是因为钱财失去了情感，失去了快乐。

"为富不仁"这个成语，大家都知道是贬义的，没有人希望自己变成一个为富不仁的人。但是当人们真的处于一个很富有的位置，往往只能看到钱财是自己赚的，自己对钱财是绝对拥有，而忽略了自己的社会责任。

人们都知道石油大王洛克菲勒是个著名的慈善家，但很少有人知道洛克菲勒也曾被薄薄的一层银子蒙住了双眼。

洛克菲勒出身贫寒，创业初期勤劳肯干，人们都夸他是个好青年。可当他富甲一方后，便变得贪婪冷酷。宾夕法尼亚州油田地带的居民深受其害，对他恨之入骨。有的居民做了他的木偶像，然后将那木偶像模拟处以绞刑，以解心头之恨。无数充满憎恨和诅咒的威胁信被送进他的办公室，连他的兄弟也不齿他的行径，而将儿子的坟墓从洛克菲勒家族的墓园中迁出，说："在洛克菲勒支配的土地内，我的儿子无法安眠！"洛克菲勒的前半生就在众叛亲离中度过。洛克菲勒53岁时，疾病缠身，人瘦得像木乃伊。

　　医生们向他宣告了一个残酷的事实：他必须在金钱、烦恼、生命三者中选择一个。这时他才开始领悟到，是贪婪的恶魔控制了他的身心。他听从了医生的劝告，退休回家，开始学打高尔夫球，去剧院看喜剧，还常常跟邻居闲聊。

　　他开始过上一种与世无争的平淡生活。后来，洛克菲勒开始考虑如何把巨额财产捐给别人。起初人们并不接受，说那是肮脏的金钱。可是通过他的努力，人们慢慢地相信了他的诚意。密歇根湖畔一家学校因资不抵债行将倒闭，他马上捐出数百万美元，从而促成了如今的芝加哥大学的诞生；北京著名的协和医院也是洛克菲勒基金会赞助而建成的；1932年中国发生了霍乱，幸亏洛克菲勒基金会资助，才有足够的疫苗预防而不致成灾；此外，洛克菲勒还创办了不少福利事业，帮助黑人。从这以后，人们开始用另一种眼光来看他。

　　放弃了部分的钱财，洛克菲不仅仅得到了世人的尊重，更让自己获得了一个快乐幸福的生活。其实不只是钱财，生活中还有很多困扰着我们的欲望，把所有的东西都抓得太紧，只能让你失去的更多。

第六章　退：另一种前进之道

一、将欲取之，必先予之

想不付出任何代价而得到幸福，那是神话。

——徐特立

给予和索取，人生不变的经典论证话题，永远达不到平衡的两个端点，人是贪婪自私的，注定这个论题永远没结果。对于每个人来说，索取永远要比给予少得多，每个人都认为自己给予的太多，索取的太少，心理的天平永远达不到平衡点，争吵的根源永远是这个永恒的话题。也许每个人的索取对于自己来说都是正当的权利，也许对方的给予永远不及自己给予的多，于是这个话题还在继续。

人从生下来的那一刻开始，就总是在不断地索取，向自己的父母、向大自然索取。他们已经习惯了索取，总希望别人为自己做些什么，认为别人为自己所做的就是理所当然的，从而造就了人自私的本性，总是想让别人给予，从未想过要付出点儿什么。这种索取与给予的不平衡必然会导致自己一无所有，"只有付出才有回报"这句话是人人都知道的。有的人会说："付出也不一定有回报。"但如果不付出，就更不大可能有回报。其实人生就像是一本零存整取的存折，你投入、给予的越多，索取、拥有的就会更多。

一棵苹果树，经过漫长的成长期后，终于在一年的春天开花了，结果了。第一年，它结了 10 个苹果，被人拿走了 9 个，它自己只得到 1 个。苹果树愤愤不平，干脆自断经脉，拒绝成长。第二年，它只结了5个苹果，4个被拿走了，自己依然得到1个。

"哈哈，去年我得到了10%，今年我得到了20%，翻了一番。"这棵苹果树内心平衡了。

另一棵树恰恰相反。它在第二年更加努力地吸收阳光雨露，努力生长，结出100个果子，被拿走99个，自己只得到1个，却乐在其中；第三年，依然蓬勃生长，保持勃勃生机；第五年它结出500个果子，成为苹果林中辉煌一景。其实，得到多少果子并不是最重要的，重要的是，自己永远在成长！不是吗？最后，第一棵苹果树死掉了，而第二棵苹果树却还在快乐地生长着，奉献着，被人们赞赏着。

富兰克林有一句话："如果你想交一个朋友，就请帮他一个忙。"换句话说就是：如果你想得到一样东西，你就要付出为得到这样东西的东西。

在春秋时期，晋国当权贵族智伯倚仗权势向魏桓子强行索要土地。魏桓子的谋士献计，同意给土地，这样智伯会更加贪婪，就会再向其他贵族要地，贵族们就会联合对付他。后来智伯被贵族联合打败了，魏桓子也得到了更多的土地。

在这个世界上，有多少人在追求利益时犯了鼠目寸光的错误。他们看见的只是金钱，而从来没有看到财富；只看见自己的利益，看不到人与人之间的互惠互利；他们只看见眼前的蝇头小利，看不见远方取之不尽的"宝藏"。我们都曾被表面上的利益蒙蔽双眼，在获得真正财富的路上迷失方向，蓦然回首时才懂得了给予的意义，其实给予是最好的得到的方法。

二、退一步，海阔天空

俗话说：得饶人处且饶人，冤家宜解不宜结，退一步海阔天空。有了争论、摩擦，稍微争辩几句是可以的，你虽然有委屈，但也不要得理不饶人，对方已经知道理亏了，也就多包容一点，退让一步，不要使争论、摩擦升级，不以争讼为能事，大事化小，小事化了。

　　古希腊一直流传着一个关于升为武仙座的大英雄海格力斯的故事。一天海格力斯走在坎坷不平的山路上，忽然发现脚边有个袋子似的东西很碍脚，他就走过去踩了那东西一脚，谁知那东西不但没被踩破，反而膨胀了起来，加倍地扩大着，海格力斯恼羞成怒，操起一根碗口粗的木棒砸它，那东西竟然长大到把路给堵死了。正在这时，山中走出一位圣人，对海格力斯说："朋友，快别动它，忘了它，离开它远去吧！它叫仇恨袋，你不犯它，它便小如当初，你侵犯它，它就会膨胀起来，挡住你的路，与你敌对到底。"

　　其实人们无论在什么环境下都有可能会犯和海格力斯一样的错误，遇到矛盾时，不愿意吃亏，步步紧逼，据理力争，死要面子，认为忍让就是没了面子失了尊严，最终只能使得矛盾不断地升级，不断地激化，却不知道退一步海阔天空的道理。忍让并不是不要尊严，而是成熟、冷静、理智、心胸豁达的表现，一时的退让可以换来别人的感激和尊重，避免矛盾的加深，岂不更好。社会就像一张网，错综复杂，谁都会有与别人产生误会或摩擦的时候，善待恩怨，学会尊重你不喜欢的人，放下仇恨的袋子，你就会少一份怨恨，多一份快乐，才会赢得更多的尊重。

　　世上的事均有长有短、有圆有缺、有利有弊、有胜有败，人们在处理争端与矛盾时，总是想着争取自己的利益，所以会出现一些无谓的争端。生活中出现这些状况都是难免的，又为何不多想一下：凡事让一步为高。那些邻里纷争，亲友反目，静下心来，仔细想想，会觉得有点儿可笑甚至荒谬。难道你愿意成为旁观者斜眼笑谈的主角？各退一步，化干戈为玉帛，又何乐而不为呢？聪明的人，不会一味地争强好胜，在必要的时候，宁愿后退一步，避其锋芒，这么做不仅能赢得旁观者的尊重，更能赢得对手的尊重，你说，真正的胜利者是谁？

　　仇恨和争吵其实就在人们的一念之间，仇恨能掩盖一个人的品德，争吵只会损害一个人的形象。而退一步则是化解仇恨和怨愤的良方，也是一个人体现其美德的方式。善待埋怨和仇恨，忍一时风平浪静，退一步海阔天空，这样的生活才会有滋有味。

111

有人说退一步是软弱、委曲求全、甘居人后的表现。其实不然，退一步的人往往具有广阔的胸襟，多是不拘小节、气度非凡、卧薪尝胆之人，这种人往往比其他人更懂得生活，更知道退一步在生活中的作用。遇事只要退一步去想、去做，说不定就会柳暗花明，晴空万里，更会让你摆脱"只缘身在此山中"的局限，避免让自己成为笼中鸟的悲哀。

人们的生活环境不是真空，每个人都要面临错综复杂的社会关系，不懂得退一步，只一味地去争，就可能撞得头破血流、闹得鱼死网破的局面，最后落个两败俱伤的下场。如果双方都能冷静下来，认真地从各个角度去思考，给对方多一些理解和宽容，学着"退一步"，事情就不会进一步的糟糕和恶化，诸多矛盾说不定也会一次性解决。其实，在前进的道路上，"退一步"积蓄一下力量，变换一下策略，瞅准下一个时机，为更好地"进一步"打下坚实的基础，何乐而不为呢？必要的时候"退一步"，是一个人意志品质和素质的体现，只有胸怀坦荡的人才会做出这样的选择。

明白了"退一步海阔天空"的道理，如果在遇事时给自己一些时间，冷静地思考一下，一定可以拥有更开阔的心境，可以做出更加睿智的决策。人生百态，各有所爱，你爱吃鱼，他爱吃鸭，虽然嗜好各不相同，但缘分安排大家一桌共食，各自也都吃到了自己喜欢的东西，又何必强求别人一定要吃自己喜欢的东西呢？如果能承认双方品质有差异的客观存在，便会对彼此的差异感到快乐，你有你的思维方式，我有我的人生见地，若能互相学习，彼此宽容，就能一团和气。转换思维，用你的博大胸怀去包容万物，退一步海阔天空，到那时，你会感到"明月装饰了你的窗子，你装饰了别人的梦"，就会有出人意料的美，意想不到的奇迹。

退一步，是生活中的一门学问。在生活中，每个人都会面对让自己进退维谷的状况，这时候，退一步不仅是你风度的表现，而且还是你掌握如何与人相处的关键。掌握退一步的诀窍，会让你的生活更加如鱼得水。

三、停下来，才能赢取明天

每个人自来到世上的第一天起，便不停地追逐着一个又一个的目标。从牙牙学语到蹒跚学步，从懵懵懂懂到对宇宙奥秘的好奇与探求，转眼间少年长成了成年。然后，面对眼前一系列的"生存"问题，我们给自己设定了一个又一个目标，每当到达一个目标，下一个目标便又会出现了，满足了这方面的欲求，那方面还未如意，就这样在不知不觉中令自己陷入了无休止的追逐名利、虚荣和物质享受之中，慢慢忘记了自己在宇宙中的角色，忘记了自己的使命，忘记了自己应尽的职责和义务，真正的人生目标被一个个虚假的目标遮挡殆尽……

因此，我们应当适时地停下来思考一下这么做的意义是什么？就这样一直背负下去只会空忙一场。

美国开发初期发生过这样一个故事：当时的美国，地广人稀，地价甚廉。当时土地的出售是以一人一天所跑的范围为准。因此，有一个人付了钱就开始拼命奔跑，从清晨到中午，此人丝毫不敢休息，唯恐因松懈而损失一些土地。到了黄昏，眼看太阳就要下山，如果跑不回终点就要前功尽弃，因此，他拼命地向前狂奔。

但是，他怎么也没想到，当他费尽千辛万苦跑到他所谓的终点时，人也立即倒地，气绝身亡。卖主只好将他草草地就地埋葬，最后，所占的也不过只是一棺之地而已。

现在想想，你是否也正在为一些目标狂奔？那么，请让自己学会停下来吧！给自己留一份调整和思考的时间，静心地问一问自己："我在为何而忙，为何而累？匆匆忙忙的尽头，将会有什么样的风景在等待着我……"

如果把人生比作一段路程的话，我们应该有走有停，学会停下，停下才可能走得更远。给人生留下思考的时间。人生路上如果我们停下来或放慢速度，看看周围的风景，感受一下生活中的美好，我们就知道我们忙的多么有意义，也更能使我们明确前进的方向。弦紧弓断，物极必反。暂时放下手中的东西，停下来回头看看，再想想后面的路该怎么走。

懂得停下是一种智慧，学会停下是一种本领，只有学会停下来，才有可能提高工作效率；只有学会停下来，才会使自己对工作更加富有热情；只有学会停下来，自己才会有足够的时间和空间提升自己；只有停下来，才会得到休息，使自己得到更好地发展。

轻狂的少年想成为少林寺最出色的弟子。他问大师："我要多少年才能像你一样出色？"

大师回答说："至少需要十年。"

少年不屑地说："十年时间太长了。如果我付出双倍的努力，那需要多久呢？"

大师回答说："如果这样的话，起码要 20 年。"少年怀疑地问道："如果我夜以继日地练习呢？"

大师回答说："少了 30 年是不行的。"少年灰心了，他不解地问大师："为什么我每次说更加努力的时候，你反而告诉我需要更长的时间呢？"大师说："当你一只眼睛只盯着目标时，那么，你就只剩下一只眼睛可以去寻找方向了。"

有时候并不是时间抓得愈紧愈好，其实，我们在努力工作的时候，会掉入一个陷阱，为了把工作做好，往往拼命再拼命，不能自控，最终将身体搞垮，精神匮乏。这种拼命的精神看起来是时间的节约，其实，过多的消耗，必然会导致其他方面的缺失。比如，思考的缺乏。一个整天忙于工作的人，冷静思考的时间是不够的，过于忙碌的时候，必然要反思自己，是什么原因让自己如此忙碌，细想之，显然和自己的工作方式与工作方法有关。一个过度忙碌的人，是难以照顾自己生活的，更是难以照顾自己家庭的，如果因忙碌而放弃与亲人的相处，那是极大的损失，也是生命的缺陷。

心理学中有个"瓦伦达效应"，是说美国一个叫瓦伦达的高空走钢索的表演者在一次重大表演之前，不停地向他妻子说："这次太重要了，千万不能失败。"结果，瓦伦达竟然就在那次重大表演中失足身亡。只顾着朝目标奔去，反而会减缓成功的步伐，甚至与成功的距离越来越远。

放松一点，成功的路上，失败一次也没什么大不了，放下心中的迷惑，放下心中的不满足，轻轻松松地对待自己的工作。现代社会总是有太多的人背着沉重的包袱与周围人竞争，这些包袱压得自己没有意识放松下来，结果，学习累，工作烦，生活痛苦。放下这些不必要的包袱，才会活得愉快，工作得轻松。

四、放低姿态，以退为进

并不是所有的宝石都有机会闪烁光芒，有的时候，宝石是被包裹在石头里的，需要等待别人的开采，但是也并不是所有的宝石都能顺利地得到开采的机会。而我们人就不一样了，总是抱怨自己怀才不遇，莫不如去给自己创造一个被发现的机会。

一位爱好文学的年轻人，从学校毕业后来到美国西部，他想当一名新闻记者，但人生地不熟，一直没有找到合适的工作。身上的钱已所剩无几，他有些失望。难道是自己的专业不够好才没有被录用吗？他觉得自己就要走投无路了。于是，他想起了他最崇拜的大作家马克·吐温。年轻人给他写了一封信，希望能得到他的帮助。

马克·吐温接到信后，马上给年轻人回了一封信，信上说："如果你能按照我的办法去做，你肯定能求到一席之地。"马克·吐温还问年轻人，希望到哪家报社工作。

年轻人看后十分高兴，马上回信告之。于是，马克·吐温又告诉他："你可以先到这家大报社，告诉他们你现在不需要薪水，只是想找到一份工作，好好锻炼一番，你会在报社好好干。一般情况下，报社不会拒绝一个不要薪水的求职人员。你在获得工作以后，就要努力去干。把采写到的新闻给他们看，然后发表出来，这样，你的名字和业绩就会慢慢被别人知道，如果你很出色，那么，其他报社就会有人聘用你。然后你就可以到主管那儿，对他说：'如果报社能够给我相同的报酬，那么，我愿意留在这里。'对于报社来说，他们是不会轻易放弃一个有经验又熟悉业务的工作人员的。"

年轻人听后，有些怀疑，而且以年轻人现在的处境来说，这样的工作不是进取而是后退。虽然他得不到大报社的录用，但要找一份有薪水的工作还是没问题的。年轻人思前想后决定还是照着马克·吐温的办法去做，先试试看。

他很快在一家大报社工作了，尽管没有工资。最初，他的工作也只是整理文稿和校对等，根本没有机会写东西。年轻人开始打退堂鼓了，毕竟他的经济状况难以支持无薪的生活。但机会也在这时出现了。由于报社缺人手，他终于有机会出去采编了。他很好地抓住了这次机会，用心写了一份十分精彩的稿子，主编很满意。于是，他的工作顺利地变成了采编。更令人高兴的是，他和其他采编有同样的薪水。备受鼓舞的年轻人更加努力工作，发的稿子越来越多，好评也渐渐多起来。

不出几个月，他就接到了另一家报社的聘书。令人吃惊的是，他所在的报社知道后，主管竟然主动找他，说愿意付高出别人很多的薪水来挽留他。

按照马克·吐温的方法，年轻人终于找到了合适的工作，但是比这份工作更重要的是，他学到了做人的一个基本的方法，放低姿态，以退为进。

五、知难而退，独辟蹊径

在通往成功的路上，可能有很多障碍，你会觉得竞争太残酷，自己恐怕有承受不住的时候。如果真是这样，你不妨放弃这条拥挤的小路，去开拓一条属于自己的康庄大道。在服装设计界有这样一条规律：一种事物如果很快就被人们接受，并开始盛行，那么这种事物也将很快被淘汰。事实上，不仅在服装设计界，商品经济的竞争也是如此，人们扎堆进入一个领域，也就决定了这个领域的竞争将会异常的残酷。

19世纪中叶，在美国传出了加利福尼亚州有金矿的消息。一时间，大量的美国人带着他们的黄金梦涌入加州。20岁的青年史蒂夫也随着大批的淘金者来到了加州，准备开始他的淘金生涯。

但是加州并没有给他所期盼的东西。越来越多的美国人涌入加州，金子自然是越来越难挖了。更糟的是由于加州气候干燥，水源奇缺，许多淘金者不仅没能如愿以偿地挖到他们所期盼的黄金，反而葬身此地。但是在残酷的现实面前，人们还是不愿放弃淘金的美梦，仍然在狂热地挖，仍然有大量的人继续涌入加州。

史蒂夫也同其他的淘金者一样，经过了一段时间的努力没有找到黄金，反而差一点儿在饥渴中丢掉性命。一天，望着水袋中的一点点水，听着周围人对缺水的抱怨，史蒂夫突发奇想：淘金的希望太渺茫了，还不如卖水呢。

他这样想，就这样做了。他拿起手中的工具，不是继续挖金矿，而是开始挖水井。史蒂夫经过几天的努力终于看到了清澈的地下水涌出来，他把水装在桶里，挑到山谷卖给那些饥渴的淘金者。虽然当时很多人不理解他的做法，甚至嘲笑他胸无大志，千辛万苦地来到加州只是卖水，但是史蒂夫仍然把他的事业继续做了下去。

不久，口袋里的金钱证明了史蒂夫对淘金的放弃是正确的。虽然他没能挖到黄金，但是却得到了实实在在的金钱。结果大批的淘金者空手而归，史蒂夫却在短短的时间内赚到了6000美元。在当时这可是一个不小的数目。

能够独辟蹊径是很多商人共同的特点。在《晋商兴衰史》中记载着这样一个故事。明代，盐的运销实行开中制。所谓开中，就是政府控制盐的生产和专卖权，根据边防需要，定期或不定期出榜招商，应榜商人必须把政府需要的实物输送到边防卫所，才能取得贩盐的专卖执照"盐引"，然后凭盐引到指定的盐场支盐，并在指定的地区内销售。当时，销量最多的是两淮盐。凡两淮盐商，须输纳实物（粮食等）到甘肃、宁夏等边防卫所，然后领取盐引，凭盐引在两淮盐场支盐。大体一引可兑盐200斤。但是，由于官僚显贵、势豪奸绅上下勾结，豪强占据，一般盐商持引也不能在盐场及时支到盐，有时要等数年或数十年。加之，输纳实物到边防卫所有时会遇到战事，还要向各级官僚馈赠贿赂，这使两淮盐商的利益大受影响，以致亏损不支，被迫退出盐商界。

117

有一位商人范世逵分析了整个盐界的形势后，认为输粮换引"奇货可居"。于是他放弃了世代经营的农商业，开始进军盐业相关市场。他亲赴关陇（函谷关以西、陇山以东一带），至皋兰（今兰州），往来张掖、酒泉、姑臧（今甘肃武威）等地，了解地理交通。此后，他不去和盐商竞争，而在这一带专门经营粮、草，或购进，或销售，或囤积，生意做得很活，数年内获利颇丰。

机遇总是留给那些能够发现它的人。要能够独辟蹊径，哪怕这条路上有很多的困难，不得不放弃其他一些很有诱惑的路，只要你觉得这条路行得通，不妨放手一搏。

六、以逸待劳，迎来转机

古人有云："夫战，勇气也。"战争需要勇气并不假，但勇气不是建立在玩命地硬碰硬之上的。

战国末期的一天，秦王嬴政送大将军王翦出征，送出很远后，还要再送爱将一程。王翦赶忙拦住君主的马头。

"大王，您不要再送了。千里送行终有一别，何况，宫中大臣们都在等着您。"

"好，老爱卿，这次重振我大秦国威的希望，就寄托在您身上了。上次我没有听您的话，让李信他们出战，吃了败仗，丢了咱秦国的脸。老爱卿能识大体，顾大局，体谅寡人的难处，寡人很高兴，很感激。"

"大王，您说到哪里去了，为大王开疆拓土，荡平天下，是作为大将的本分。大王，请回吧。"

"老爱卿，那我们就此作别，预祝爱卿马到成功。"

"多谢大王。"王翦与秦王长揖而别，统率着六十万大军直入楚地。

就这样，秦王嬴政送走了大将军王翦，开始了他统一天下的步伐——征楚。

"将军，我们是否要即刻组织进攻。"深入楚地后，部下问王翦。

"不，传我的令，全军进入阵地后的首要任务是构筑营垒，然后好好休养。"一到达楚国境内，王翦便向部将下达了命令。大军于是就地扎营，高筑营垒，精修工事。不久，楚国调集了所有的军队前来对阵，一日数次地派兵到秦军营前叫阵挑战。

可是，秦军高悬免战牌数月，就是不予理睬。在秦军营内，士兵们除了例行的操练外，就是吃喝玩睡。王剪还特地让军需部门从后方调运了大批牛羊到军中，宰杀给官兵们享用。不久，秦军士兵便被养得像一头头健壮的公牛了。

王剪闭门不战的消息终于传到京城，于是有人到秦王面前告王剪胆怯畏敌。"不要瞎猜想，王老将军自有破敌良策。"秦王对王剪充满了信心。果然，不久，前线的捷报就传来了。秦军与楚军交战大获全胜，秦军还杀死了楚国名将项燕。

原来，秦将王剪使用的是以逸待劳之计。秦军闭门休战，养兵休整，以缓解长途跋涉的疲惫，养精蓄锐。而楚军长时间暴露在秦军营垒之外，日子一久，一个个精疲力竭，疲惫不堪，不用说交战，就是不交战也已经坚持不下去了。

楚军将领被拖得无可奈何，只得率军撤退，这正是王剪所期待的。一见楚军后撤，王剪即令秦军全线进攻。健壮骁勇的秦兵锐不可当，楚军顷刻间被冲得四散，丧失了战斗力。

就这样，王剪率领的秦国大军，轻而易举地打败了楚国的军队，取得了全胜。

做任何事情都一样，不能急于求成。退避不一定就是懦弱，而可能是蓄积力量，伺机而动，伺时而发。在最佳的状态下，抓住最佳时机，一举取胜，岂不比不看形势，一味勇拼要明智得多。

七、变通：为了最后的执着

美国威克教授的一个试验说明了人生应该具备的两种态度——执着与变通。其实，在人的一生当中适时的变通就是为了以后能够更好的执着。

执着与变通是人生处世的一种态度，而对于蜜蜂来说只懂得向着光亮的地方去飞。本来这是一件好事，可它们只会从始至终的执着，不会变通，如果它们是人，生活在污浊的人类社会中，他们是会向死神去报到的。屈原就是这样一位执着的诗人，他不向黑暗的官场屈服。最后执着地向汨罗江的怀抱跳去，终结自己的一生，成就了一段佳话。这样伟大的诗人跳江，可谓是中国封建官场的一大损失。他其实完全可以学会屈就，"留得青山在，不怕没柴烧"，从而以自身所具备的真正才能为国家做出更多的贡献。

"变通"则被苍蝇诠释得淋漓尽致。它们向所有的阻障低头，只是学会一身的变通。试问最后飞向的"光明"会是美好的吗？以后如果遇到阻障，它们会怎么做呢？当有东西威胁到它们的生命时，它们会向命运低头一死了之，而成全变通吗？这种变通是可耻的，在生活中变通是通往成功的桥梁，但它不是唯一的桥梁，变通不可以随处可用，它必须用在当用之处，就像钱要用在刀刃上一样。我们的变通是为最后的光明。因此我们事情不需要太执着，在某些情况要学会适时的变通。

人的一生可以有很多的选择，然而当你面对着选择执着与变通的时候，你应该想到这样的选择是否是为了最后的执着。适当的执着与变通是人生的一大学问，它会使人的一生改变许多。越王勾践就是一个很好的例子，为了重建越国，他学会了变通，愿意为夫差养马，卧薪尝胆，直至最后崛起于天下。他执着了也变通了。我们做人做事就应当像勾践一样，学习他的这种处世哲学。

变通与执着当中必有得，同时也有失。单纯的执着与单纯的变通，两者都是不尽完美的。只有二者做到相辅相成才是最后的成功，我们要学会执着与变通两者兼顾。

在复杂的人情世故中，做人一定要学会为最后的执着而变通，这样才能够更好且更顺利地完成自己的理想和心愿。

其实每个人的内心当中都为自己心存的幻想而执着着。在安徒生美丽的童话里，满怀期待的美人鱼最终也没有得到王子的爱情，她的梦想连同她的躯体都化作了泡沫。我们是否想过，这种执着实际上是一种顽固和偏执？如果能够在某些时候放弃一些，我们的世界会更宽广，我们的心态会更加平和，我们的心理会更加健康。所谓的退一步海阔天空，大概讲的就是这样的道理。

生活就像一首诗，有甜美的幸福，也有残酷的现实。人生就像一支歌，有高亢的欢愉，也有低旋的沉郁。人生就如同五彩而又绚丽的舞台，有众星拱月般的主角演员，同时也要有默默无闻的配角。

简化你的生活，自然会有令人惊奇的发现。原来被挡住的风景，只有经过一番努力才是最适宜人生的，千万不要太过于执着而使自己背上巨大而又沉重的包袱。一切的不愉快都不必挂在心上，更无须梗阻于喉，如果那样只能伤害到自己的身体，从而酿成疾病。淡泊明志，宁静致远，多一些宽容，再大度一些，挥挥手，笑一笑，一切的不愉快都将成为过去。

"人生就像一场长远的旅行，不必在乎目的地，在乎的是沿途的风景和看风景的心情"。昨天，已经成了过去的梦，即使温馨也好，伤痛也罢，都已经如烟如水，一去不复返了。人生的梦总会有醒来的时候，我们总要走出昨天。今天，正在走着的路，将来的人生如何，生活怎样，完全取决于我们向哪走，怎样走。明天，还没有吃到嘴的葡萄到底是酸，是甜，还不十分清楚。但种下的是葡萄决不会长成樱桃，也不会长成水蜜桃。

八、孝庄太后的隐忍

政治上的斗争最讲究的是韬略之计。意大利著名政治思想家马基雅维利曾有一句名言：一个君主应该具有双重性格——狮子一样的凶猛，狐狸一般的狡猾；而聪明的君主则知道什么时候当狮子，什么时候当狐狸。在面对强大的敌人的时候，最好的方法就是掩藏自己的真实意图，削减敌人的戒心，逐步分化敌人的力量。

顺治七年十二月，即公元 1650 年，紫禁城中，孝庄皇太后接过一份急报，不由面现喜色，继而又开始了沉思，摄政王多尔衮在喀喇城猎所去世了。

因为多尔衮掌权多达七年之久，他的大权终于可以归还皇室了，当借此机会迅速让顺治帝亲政，掌握大清统治权。然而，孝庄皇太后清楚地知道，多尔衮摄政期间已网罗了一批以正白、镶白旗为骨干的大臣，这对年仅 14 岁的顺治帝来说是个很大的威胁。而其中最当提防的，是英亲王阿济格。阿济格是多尔衮的同母兄弟，城府很深，还长孝庄皇太后 10 岁。皇太极在位时，曾尽力瓦解多尔衮与阿济格、多铎三兄弟的关系，使多尔衮一向对阿济格深加防范。但孝庄也得到密报，称多尔衮在临死前曾摒弃前嫌，召阿济格到床前密谈后事，内容外人一概不知。

随即，她命人密切注视阿济格的行动。其后又发现，阿济格不断游说诸王，劝说他们迅速拥立一个摄政王，还密令儿子多尔博调兵到猎所，欲谋求摄政王地位的野心已显露无遗。形势骤然紧迫起来。

孝庄皇太后认为，让顺治帝亲政，眼下已是刻不容缓。若要让顺治顺利掌权，就必须得设法分化瓦解多尔衮的两白旗集团；而分化这一集团的关键，就在于阿济格。一旦挫败阿济格，两白旗集团群龙无首，即可进行各个击破。

如何行动呢？孝庄思虑再三，决定以退为进，以追悼多尔衮作为争取两白旗大臣的手段，从而孤立阿济格。于是，事实上统治了清王朝七年之久的睿亲王多尔衮就此被推上了神坛。

在多尔衮去世的消息抵京并扩散开来后，孝庄立即让顺治发布全体臣民易服举丧的诏令；多尔衮的灵车回京，按照孝庄的筹划，顺治与众大臣身着缟素前去迎柩，进行哭祭；第二日下达多尔衮"合依帝礼"的诏令，说多尔衮当"太宗文皇帝（皇太极）升遐之时，诸王大臣拥戴皇父摄政王，坚持推让，扶立朕躬，又平定中原，统一天下，至德丰功，千古无两"，给了他极高的赞誉；几天后对多尔衮的追尊达到了顶峰——追尊摄政王为成宗义皇帝，继而又下诏将其牌位立于太庙，享受皇帝的殊荣。

这种种举措随即消除了两白旗大臣的疑虑。他们立即拒绝了阿济格的拉拢，还将阿济格的种种阴谋活动向朝廷汇报。两白旗集团的骨干额克亲、罗什、博尔惠等人则在护送摄政王灵柩回京途中，一举将心怀叵测的阿济格父子拿下，押解至京中。随后，在议政王大臣会议上，阿济格被判处藉没家产，终身幽禁。

就这样，顺治亲政的最大威胁阿济格，就此被清除了。龙首既失，两白旗集团再难成气候，被孝庄皇太后各个击破，或被处死，或遭革职，顷刻间溃不成军，顺治的障碍终于被扫除。

阿济格固然阅历丰富，但他遇到了一位更具谋略的对手——孝庄。在刻不容缓的形势下，孝庄冷静地审视全局，把握脉络，经过认真的分析，没有采取正面出击的方式，而是采取了暂且退让的策略扫清了障碍。她的对手并不仅仅是阿济格，而是整个两白旗集团。倘若直接打击阿济格，覆巢之下难有完卵，为自身利益考虑，两白旗集团会全体连成一气，生出敌忾之心。那时，必然会成两败俱伤之局，纵稳操胜算，也非上上之选。而人心可用，两白旗集团中人仍多持观望态度，若能将这部分人先拉拢过来，使置于前台的阿济格孤立，将之分化瓦解，再分而击之，则能取得最理想的效果。于是，在尊崇多尔衮的措施的麻痹下，阿济格被孤立出来，从而被孝庄皇太后兵不血刃地清除了，最后保证了全局的胜利。

九、今天放弃，明天成功

西方军队里有一条不成文的"规定"：在战争中，如果本方伤亡人数超过总兵力的三分之一，那么指挥官即可以命令士兵们放弃抵抗撤出战场，甚至可以向敌人投降。

这与中国的战争观不同。在我们看来，这条规定似乎就是贪生怕死的同义词。按照传统的观点，真正勇敢的军队寡不敌众时仍然会战斗到最后，即使全军覆没，也会得到舍生取义的美名。但是，西方军事家认为，当兵力损失超过总兵力的三分之一时，取胜的希望已经微乎其微。在这种情况下，与其继续作无谓的牺牲，不如主动放弃抵抗以保存力量，为争取将来的胜利创造条件。今天的放弃是为了明天的胜利。

第二次世界大战初期，英法联军在欧洲大陆节节败退，被德军逼到了敦刻尔克，战争形势危如累卵。在这紧要关头，英国首相果断下达了"放弃抵抗、撤回本土"的命令。数十万将士丢弃武器、辎重，漂洋过海回到本国，迎接他们的不是讥笑和讽刺，而是欢呼和拥抱。一家报纸评论道："虽然我们失去了坦克和土地，但是我们却保住了希望的种子。"几年以后，这支队伍又打回了欧洲大陆，不但夺回了失地，

123

而且攻进了德国法西斯的腹地。由此可见当年撤退令的明智。正由于英国领导人敢于放弃，他们才取得了长远的胜利。

面对困难时，我们固然需要勇往直前的魄力，但是，当突破困难的条件不具备时，一味向前就等同于不顾后果的蛮干，其结果很可能是得不偿失。

2000年5月，阎庚华单人攀登珠峰，在他冲顶之前，所有人都认为他的做法违背了自然规律，是在拿生命冒险，因为天气实在太糟了。他却说："21日，一定要登顶。登不上去，让摄像机变成枪把我打下来！"结果，严寒和风暴吞噬了他年轻的生命，曾经说过的豪言壮语也成了山谷中孤独的回响。

因此，当我们受到诸多条件的限制，面对不可逾越的障碍时，暂时的放弃，往往是最好的选择。暂时的放弃，不等于逃避。待到时机成熟，就可以东山再起，再造辉煌。日本钟表企业"精工舍"的成功就是一个典型的例子。

"二战"刚刚结束，有"钟表王国"之称的瑞士，由于没有受到"二战"的破坏，其手表一下子占据了世界钟表行业的主要市场。日本"精工舍"用了10年时间奋起直追，虽然它在产品质量上取得了长足的进步，但仍然无法与瑞士表分庭抗礼。是继续追赶，还是另起炉灶？"精工舍"的管理层经过一番深思熟虑，决定放弃与瑞士表在机械表制造上的竞争，转而在新产品的开发上做文章。经过几年的努力，服部正次带领他的科研人员成功地研制出了一种比机械表走时更加准确的新产品——石英电子表。

1970年，石英电子表开始投放市场，立即引起了钟表界乃至整个世界的轰动。到20世纪70年代后期，"精工舍"的手表销售量就跃居到了世界首位。1980年，"精工舍"收购了瑞士以制作高级钟表著称的珍妮·拉萨尔公司，转而向机械表王国发起了进攻。不久，以钻石、黄金为主要材料的高级"精工·拉萨尔"表开始投放市场，马上得到了消费者的认可，成为人们心目中高质量的象征。

在风云变幻的商战中，"精工舍"通过放弃战略，取得了最后的成功。

十、退一步看你的生活

中国人在形容自己的生活时，经常会说一句话："比上不足，比下有余"。说这种话的人多是社会的中层人群，从中我们不难看出其中的乐观情绪。同样的生活，如果你非要和比你生活富裕的人比，你就会觉得自己的生活不够幸福，从而打击了对生活的积极性。经常看看别人的生活不如你，不是幸灾乐祸，而是给了你制造幸福的因素。

有这样一则故事，一个穷人与妻子，六个孩子以及女婿，共同生活在一间小木屋里，局促的居住条件让他感到活不下去了，便去找智者求救。他说："我们全家这么多人只有一间小木屋，整天争吵不休，我的精神快崩溃了，我的家简直是地狱，再这样下去，我就要死了。"智者说："你按照我说的去做，情况会变得好一些。"

穷人听了这话，当然是喜不自胜。智者听说穷人家还有一头奶牛、一只山羊和一群鸡，便说："我有让你解除困境的办法了，你回家去，把这些家畜带到屋里，与人一起生活。"穷人一听大为震惊，但他事先答应要按照智者说的去做的，只好依计而行。

过了一天，穷人满脸痛苦地找到智者说："智者，你给我出的什么主意？事情比以前更糟，现在我家成了十足的地狱，我真的活不下去了，你得帮帮我。"智者平静地说："好吧，你回去把那些鸡赶出房间就好了。"过了一天，穷人又来了，他仍然痛不欲生，哭诉说："那只山羊撕碎了我房间里的一切东西，它让我的生活如同噩梦。"智者温和地说："回去把山羊牵出屋就好了。"过了几天，穷人又来了，他还是那样痛苦，说："那头奶牛把屋子搞成了牛棚，请你想想，人怎么可以与牲畜同处一室呢？""完全正确。"智者说，"赶快回家，把牛牵出屋去！"

过了半天，穷人找到智者，他是一路跑着来的，满脸红光，兴奋难抑，他拉住智者的手说："谢谢你，智者，你又把甜蜜的生活给了我。现在所有的动物都出去了，屋子显得那么安静，那么宽敞，那么干净，你不知道，我有多么开心！"

125

从此以后，不仅是那个穷人，家里的其他人也觉得自己的生活是这么的美好。他们不再为一点点儿小事而争吵了，而是相互关爱，维系着他们幸福的家庭。生活在愉快的家庭氛围中，大家工作的心情也就好了。不久通过他们一家人共同的努力，生活开始有了好转，换上了大房子，渐渐地有了不少的积蓄。但是他们不愿意分开过日子，因为他们已经知道珍惜一家人在一起的生活。

生活就是这样，从不同的角度看会有不同的结果。如果时不时地退一步看看自己的生活，再看看别人的生活，你会发现生活中有很多你从未注意过的美好。其实你的生活也是很美好的。

十一、欲速则不达

每个人都有自己的梦想，都想做成自己的事情，但往往因急于求成忽视了某个细节，而致事与愿违。《古文观止》中有一个"小港渡者"的故事，记述于下。

庚寅科，予自小港欲入蛟川城，命小奚以木简束书从。时西日沉山，晚烟萦树，望城二里许。因问渡者："尚可得南门开否？"渡者熟视小奚，应曰："徐行之，尚开也；速进，则阖。"予愠为戏。趋行及半，小奚仆，束断书崩，啼未即起。理书就束，而前门已牡下矣。予爽然思渡者言近道。天下之以躁急自败，穷暮无所归宿者，其犹是也夫，其犹是也夫！

这个故事的大意是这样的：

顺治七年冬天，一个书生想从小港进入镇海县城去参加科举考试，吩咐小书童用木板夹好捆扎了一大沓书跟随着。

这个时候，偏西的太阳已经落山，傍晚的烟雾萦绕在枝头上，望望县城还有约两里路。便问那摆渡的人："还来得及赶上南门开着吗？"那摆渡的人仔细打量了小书童，回答说："慢慢地走，城门还会开着，急忙赶路城门就要关上了。"

这个急着赶路的书生听了有些动气，认为他在戏弄人。快步前进刚到半路上，小书童摔了一跤，捆扎的绳子断了，书也散乱了，小书童哭着，没有马上站起来。等到把书理齐捆好，前方的城门已经下了锁。

书生这时才醒悟，想到那摆渡的人说的话蕴含了深奥的哲理。天底下那些因为急躁鲁莽给自己招来失败、弄得昏天黑地到不了目的地的人，大概就像这样吧！

《论语》上记载有类似的一个故事。

子夏一度在莒父做地方首长，他来向孔子问政，孔子说："无欲速，无见小利。欲速则不达，见小利则大事不成。"告诉他为政的原则就是要有远大的眼光，百年大计，不要急功近利，不要想很快就能拿成果来表现，也不要为一些小利益花费太多心力，要顾全整体大局。

"欲速则不达"是孔老先生一直强调的。在我们的生活中，不论是自然界还是人都不能超越规律的制约，急于求成只能适得其反。一个人只有摆脱了速成心理，积极努力，步步为营，才能达到自己的目的。这里有一个很好的寓言也说明了这个道理。

有一个小孩，喜欢研究生物，很想知道蛹是如何破茧成蝶的。一次，他在草丛中看见一只蛹，便取回家来，日日观察。几天以后，蛹出现了一条裂痕，里面的蝴蝶开始挣扎，想抓破茧壳飞出。艰辛的过程达数小时之久。小孩看着有些不忍，想要帮帮它，便拿起剪刀将蛹剪开，蝴蝶破蛹而出。但他没想到，蝴蝶挣脱蛹以后，因为翅膀不够有力，根本飞不起来，不久，便痛苦地死去了。

破茧成蝶的过程原本就非常艰辛，但只有通过这一经历才能换来日后的翩翩起舞。外力的帮助违背了自然规律，反而让爱变成了害，最终蝴蝶悲惨地死去。将自然界中这一微小的现象放大至人生，意义深远。

欲速则不达，急于求成会导致最终的失败。做人做事都应放远眼光，注重知识的积累，厚积薄发，自然会水到渠成，达到自己的目标。许多事业的成功都必须有一个痛苦挣扎、奋斗的过程，而这也会让你锻炼得更坚强，成功是一个痛并快乐着的过程。

127

十二、做人不可锋芒毕露

人难免会犯自视甚高的错误，喜欢在人前卖弄自己的聪明或者勇敢。可是这种卖弄不仅很难得到别人的认同，甚至还会招来别人的反感。因为你自认为是一个特别优秀的人，而别人也认为自己是最聪明的。卡耐基在《人性的弱点》中写到：人的天性之一，就是不会接受别人的批评，总是认为自己永远是对的，喜欢找各种各样的借口为自己辩解。

在《大藏经》里有这样一个故事：一比丘，心浮气躁，老是想出人头地，总是喜欢没深没浅地向同道讲经说法，或者在同道面前显示他的禅门武功，但经常失口失手，甚至当场献丑。几乎所有的同道都不喜欢他，不愿意与其交谈。老禅师点化他多次，提示他还得精心深造，好好修业，他就是不听。

有一天，老禅师带他去行脚，一条三米多宽的水沟挡住了他俩的去路，武功深厚的老禅师抬脚就过去了。比丘却往后退了许多步，才趁着冲劲跳过沟去。

老禅师说："你知道你刚才为什么要往后退几步才能跳过水沟吗？"

比丘说："因为我的功力还不够，后退几步再往前跑就能产生冲力，只有这样以退为进，我才能跳过水沟。"

老禅师就说："你刚才说的话里有一句禅意深邃的偈语，领会好了，你将有大的发展和进步。"

比丘终于言下开悟，再不急着出风头，而是静下心来致力于文武禅修，终成一代文武双全的高僧。

作为比丘在功力还不够的时候，应该潜心修佛练功。做人也应该常常自省自己的行为，看看自己是不是又在犯浮躁的毛病。"木秀于林风必摧之"，即使我们真的有超世的才华或勇气也不能太过张扬。掩藏自己的智慧，是保护自己的最好办法。

据《史记》载：在鲁哀公十一年那场抵御齐国进攻的战斗中，右翼军溃退了，孟之走在最后充当殿军，掩护部队后撤。进入城门的时候，他鞭子抽打马匹，说道：

"不是我敢于殿后，是马跑不快。"孟之这样谦逊的态度，表面上看是掩饰了自己的功劳。但是，到底是马跑不快，还是孟之主动选择殿后，任何人心里都清楚。这样一来，不仅他的功劳没被埋没，而且更显示了他谦逊的品德。此外，更重要的是由于孟之的掩饰，使得那些跑在前面的人不至于为自己的懦弱而惭愧，保全了大家的面子。倘使孟之邀功自傲，当然他会得到应得的奖赏，但与此同时，他所得到的奖励，也是对那些跑在前面的人的羞辱。因为得到一点小小的奖励，而得罪这么多人，实在是不值得，所以孟之明智地掩饰了自己的功劳。

中国人喜欢讲"出头的椽子先烂"，看起来这是一种畏首畏尾的怯懦，但是换一个角度看来，其实是很有道理的。做人不可以锋芒毕露，肆意张扬，这样只会给自己招来无谓的伤害。做人应该始终保持谦逊的态度，不一定什么事情都据理力争。偶尔放开手退让几步，多谦逊一些，可以为你营造一个很好的人际关系，从而减少成功路上的阻碍。

十三、夫妻之间懂得退让

有人说，世界上最不讲理的地方就是家里，即使你在职场上能够呼风唤雨，也有可能对家庭夫妻关系的处理无可奈何。其实在家庭生活中最重要的是退让，夫妻天天在一起，意见难免有分歧，没有相互之间的宽容与退让，是很难相处融洽的。懂得退让的家庭，才能过得和和美美。

一对恩爱的夫妻得到妻子姨母的馈赠，那是一个维多利亚女王时代的名贵花瓶，据说是"亨利九世"的遗物。按丈夫的说法，最可以贴切形容这个花瓶的文句就是"滑雪失手现场"，可是妻子却一口咬定那是她的传家之宝。

他觉得那东西的颜色刺眼极了，但她却说这样才够鲜艳好看。别的暂且不论，问题是那花瓶实在是太大了。妻子坚持要把它摆在最显眼的地方，由于任何一个角落都放不下，结果只得把它放在客厅的正中央——一张大而矮的咖啡桌上面。

129

夫妻俩的和睦生活被打破了。那恐怖的东西似乎把屋子里的其他一切都掩盖掉了，更影响了夫妻间的关系。每天晚饭后都要为那花瓶而大吵一顿。

丈夫是一个有头脑的人。他是一家公司的经理，手下有无数员工，每天都要决定很多事情。在商场上他是晓得发号施令、奖励推销、评估市场的，显得八面玲珑，但是对家里这种情况却是一筹莫展的。因此他决定暂施缓兵之计，然后再谋对策。他把"滑雪失事现场"的情形推敲了一番之后，终于心生一计。

一天晚上，他回到家里，提议要把客厅的布置重新改换一下。"噢，不，不，不可以这样！"妻子马上说，"你的诡计我全都知道，我绝不会把花瓶挪开的！那是我们的传家之宝，想买都买不到……"她连珠炮似的一直说下去。丈夫的态度却出乎她意料："好吧，亲爱的，我让步。就把花瓶留在原来的位置上好了，我们改换四周的摆设吧！"

妻子颇喜欢把家具搬过来搬过去的，两人都觉得这是一件好玩的事。

这对夫妻都非常热爱家庭，把家里布置得很漂亮，彼此之间的感情也非常好。他们最快乐的时光就是吃过晚饭后两人坐在一起看书、聊天，有时手拉着手，有时则不作声，享受片刻宁谧，有时则彼此分享白天所遇到的大大小小的事。丈夫故意把他自己的靠椅和妻子所坐的沙发椅摆成正面对放，而中间就隔着那个大花瓶。

妻子常常喜欢一边看书，一边问："亲爱的，你有没有看过关于……"现在她必须要伸长脖子看看他是不是在听着。而他呢？也把脖子伸得长长的，表示他正在仔细倾听呢！

有时他们其中一个会走到对方那儿，去拉拉对方的手。曾经有好几次，由于手上正拿着报纸或其他缘故，妻子的宝贝古董差点儿给砸破了。几个星期后的一天，丈夫回到家里，发现花瓶已经被移到饭厅地板上的一个角落去了，夫妻俩的生活又重归平静。

聪明的丈夫通过婉转的方式，让妻子直观地感觉到了那个所谓的"古董花瓶"给他们生活带来的不便。妻子也是适可而止，明白他们夫妻间存在的问题，意识到了自己的错误，并及时做出退让，才使得夫妻间的关系又重回到了以前的幸福时光。

第七章　淡泊宁静，享受生活

一、转个弯，生活依然美好

年轻的女老师走进了教室，她用白色的粉笔在黑板上点了个点，然后问班上的学生："大家看到了什么？"同学们异口同声地说："一个白点。"老师又问："难道只有一个白点吗？这么大的黑板大家怎么没有看见？"

如果换作是你，你看到的是什么呢？每一件事情都有好有坏，你在遇到一件事情的时候，是只看到了白点，还是也看到了那一大块黑板呢？

常常听到有人抱怨自己工作不顺利，抱怨今天天气太糟糕了，抱怨自己容貌不是国色天香，抱怨自己总不能事事顺心……刚一听，还真认为上天对他太不公了，但仔细一想，为什么不能换个角度看问题呢？有时候，不是路已走到了尽头，而是该转弯了。其实，我们每个人的心中都有一位严厉的法官，他无时无刻不在批判自己、批判别人，对生活也是毫不留情地批判。这种批判多了，我们的内心就会时常陷入悲观，而让自己不开心、不快乐，时间长了，这种不快乐就会成为惯性。

有一句话说得很好："当你的眼中只看到海时，就会认为没有陆地的存在，那样，你就不会成为一个优秀的探险家。"我们用什么样的眼光看世界，世界就会用什么样的方式回报我们。换个角度，换种心态，一切烦恼就会烟消云散。这正像某位哲人说的：我们的痛苦不是问题的本身带来的，而是由于我们对这些问题的看法而产生的。

夏天的一个傍晚，一位艄公正准备划船上岸，突然看见有一个人从岸边跳到水里，艄公赶快把船划到她身边，把她救了起来。跳河的是一位美丽的少妇，看着这位年轻的女人，艄公问："你年纪轻轻，有什么过不去的坎，为何寻短见？""我结婚才两年，丈夫就抛弃了我，接着孩子又病死了。您说我活着还有什么乐趣？您为什么要救我？"少妇哭泣着道。艄公听了她的话，沉思了一会说："两年前，你是怎样过日子的？"少妇说："那时我一个人，自由自在，无忧无虑呀……""那时你有丈夫和孩子吗？""没有。""那么现在你不过是被命运之船送回到两年前了。现在你又可以自由自在、无忧无虑了，多好啊，请上岸去吧……"话音刚落，少妇恍如大梦初醒般揉了揉眼睛，又想了想，便走了。从此，她没有再寻短见，并且开始了她的另一段人生。艄公所做的，仅仅是从另外一个角度帮那位少妇分析了自己的人生，但是，却让少妇获得了新生，看到了一种新生活的曙光。

仅仅是因为换了一个角度看待问题，就成了两个世界。可见，换一个角度去看问题，对我们的人生来说是多么重要。如果我们能够换个角度，便会看得开、放得下那些生活中不如意的人和事。对于人生常见的失败，我们不妨认为失败一次就会使人对成功的内涵理解得更透彻一层；失误一次，就会让人对人生的醒悟更添一码；不幸一次，就会使人对生活的理解更深一级；经过了一次磨难，就会使人对世事的认识更成熟一些。

二、改变思维，生活依然美好

有一对夫妻想要租一套房子，两个人在一天之内看了好几套房子，都没有中意的。到了太阳快落山的时候，奇迹出现了，两个人同时看上了一间他们都非常满意的房子。为了能快点搬进来，他们便急着想付订金，把房子订下来！但是，房东却是位比较"怪"的老先生："租房子，我只有一个限制，那就是不租给有小孩子的家庭。"听了房东的话，这对夫妻面面相觑，心顿时凉了一半，因为他们身边带着一个小孩子。

老婆："如果我们没有孩子就好了，孩子要是件装饰品就好了。"

老公："老婆！你呆了吗？为了租房子竟然把小孩当作假的！我们宁可不租他的房子。"

老婆："可我真的很喜欢这房子，被这'拖油瓶'给害了啦！"

夫妻俩沮丧极了，牵着孩子的手正准备离开，只见小孩又回头按电铃，"叮咚！"房东又来开门。低头看到小孩笑着说："啥事啊？装饰品！"

小孩："阿伯，我想租你的房子！"

房东说："租房子？我还是那个条件，不租给有小孩子的家庭哦！"

小孩："我知道！我还没有小孩，我只有爸爸妈妈！你完全可以把房子租给'我'！"

房东听了小孩的话，先是一愣，然后很干脆地回答："OK！租给你了。"

大人办不成的事，一个小孩子居然办成了。原因何在，只因为小孩子的思维和大人思考方式完全不同。有位哲人说过："苦难是一笔最好的财富。"改变你以前固有的思维和习惯，仔细地想一想，苦难不正是对人的体魄、心理和思想素质的最好磨炼吗？这种磨炼能让人具备与逆境抗争所必需的条件，从而走出逆境，抵达成功的彼岸。人生也如此，你有怎样的生活想法，便有怎样的人生，如果你总是带着忧郁、杞人忧天的情绪过每一天，相信你一定会很累，但如果你积极乐观地走过四季，真诚地过好每一天，想必你的人生画卷上处处都会有美丽的风景！从今天开始，打破以前的固定思维，你就会开始一段美好的人生。

生活中总有许多限制，不论限制是正面的还是负面的，不假思索地跟随只会让人不知其所以然。你有没有这种经验呢？一旦工作成了一种习惯，那刻板的逻辑也就随之而来了，有时连泡杯咖啡这样的小事都不懂得去换个角度思考，这样的思想是很可怕的！所以，换一种思维看问题，是一种明智的选择。当你面对缺憾心中愁苦时，就迈动智慧的双脚走一走，换个思考方法，也许事情就会"柳暗花明又一村"。

如果你为人父母，当儿女拒绝洗碗时，请不要生气，换个想法去想，至少他（她）

133

待在家里，没有上街去胡闹。

如果一天工作下来，你变得疲惫不堪，请不要生气，换个想法去想，付出努力肯定会有所收获。

如果你是妻子，当丈夫总是拿着遥控器坐在沙发上只顾着看电视时，请不要生气，换个想法去想，至少他和你在一起，而没有出去泡酒吧。

如果开割草机太累，擦洗窗子太麻烦，修理排水槽太脏，请不要生气，换个想法去想，这都是因为你自己有幢房子。

如果老板总是像影子一样跟着你，严密地监视你干活儿，请不要生气，换个想法去想，谨慎小心地工作，犯错误的概率会降低。

三、远离欲望之火

故常无欲，以观其妙；常有欲，以观其徼。

——老子

"生死根本，欲为第一"。欲望是人性的组成部分，是人类与生俱来的。人一出生，从吃第一口奶开始，就离不开欲望，想呼吸、想进食、想睡觉、想成功。追名逐利，它是本能的一种释放形式，构成了人类行为最内在与最基本的根据与必要条件。人世间之所以有痛苦，是因为人有各种欲望，而欲望总是无法满足的，因而产生了痛苦。消灭痛苦的办法，就是抑制欲望！

弗洛伊德指出："本能是历史地被决定的。"作为一种本能结构的欲望，无论是生理性或心理性的，都不可能超出历史的结构，它的功能作用是随着历史条件的变化而变化的。世间万事都有其自身的发展规律和内在本质，因此，欲望的有效性与必要性是有限度的，而人的欲望是无限的，满足也不是绝对的，总有新的欲望会无休止地产生出来。在欲望的推动下，人不断占有客观的对象，欲望的过度释放会造成破坏的力量。所以，过度推崇与放纵欲望也是愚蠢的。要节制自己的欲望，不

给你正能量

要让欲望在内心滋生，不要让自己成为欲望的奴隶，做到"弱水三千，只取一瓢饮"。要具有流水一样的品质，处下而不与万物相争，宽容而能容纳、滋润万物。

曾经看过这样一个故事：在大森林的边缘住着一个小男孩，有一年的冬天，积雪覆盖大地，小男孩家里的柴和米都没有了，他不得不出门滑着雪橇去拾柴。拣到了柴，小男孩把它们捆起来时，他自己快要被冻僵了，于是他想不要先回家，想就地升上一堆火暖暖身子。于是，他扒出了一块空地，这时他发现了一把小小的金钥匙。他想，既然连钥匙都是金的，那么被锁住的东西肯定更值钱了，便往地里挖，不一会儿他挖出了个铁盒子。"要是这钥匙能打开这锁就好了！"他想，"那小盒子里一定有许多珍宝。"他找了找，却找不到锁眼。最后他发现了一个小孔，小得几乎看不见。他试了试，钥匙正好能插进。他转动了钥匙，可是他发现钥匙不但转不动，而且还拔不出来了，最终他一无所获。

这就是欲望，假如把捡到的钥匙拿去换钱，那么他也会有些收获，为什么非得去找盒子呢？人生的许多不幸，大多不是来自自身的贫穷，而是来自自身的欲望。人们总是在得到一点儿小利以后就向往着更大的财富，并总是想在大量的物质财富里获得幸福，其实这是人们认识思维中的误区。

不记得是谁说的，我们的痛苦、我们的不幸，不是因为我们拥有的不够多，而是源于我们对这个世界知晓的太多。如果不知道冰激凌，夏天有白开水喝一样过得很快乐。这句可能说的并不全面，但是却在某一方面道出了人们的困惑。在物欲横流的今天，面对这个光怪陆离的世界，大多数人被物欲所控制，不惜以身试法，最后踏上了一条不归路。

"得之愈艰，爱之愈深"，这似乎可以表明人们从物质享受中获得的幸福与愉快，其实一切与物品本身无关，而是与人的心境、心态有关。健全文明的心态，有助于我们不至于在物欲横流中，让幸福递减下去。如果还想找回那种幸福感的话，那么就多回忆一生中的苦日子，过有节制的生活吧！少一点欲望，多一点开心，幸福感才能长久地保存和延续。

135

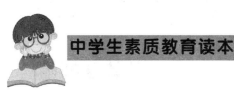

四、看淡财富，幸福就在身边

幸福并不在金币挥霍的房屋底下。

——巴尔扎克

"拥有金钱，并不等于拥有幸福；要想拥有幸福，却必须拥有金钱"。"金钱并不能买来一切，比如再多的金钱也未必能买来知识、健康、快乐、爱情、幸福"。无论正反对错，诸如此类的格言无不是在表明同一个问题：金钱与幸福之间存在着密切关系。

财富与幸福是两个完全不同的概念。然而，在经济飞速发展的当代社会，有相当一部分人给二者画上了等号。金钱究竟在幸福参数中占有什么样的位置？是不是有金钱就会有幸福呢？这一直是人们争论不休的话题。

在财富与幸福关系的数据分析中发现："衣食足"的人群中，财富的多寡，与主观幸福体验没有多大关系。或者说，在达到舒适温饱之后，财富的增加所带来的幸福感会越来越弱。正如一个研究者所形容的，开奔驰上班的人，并不一定比坐公车上班的人幸福很多。可见，财富和幸福感是不成比例的。财富虽然是人人向往的东西，但财富未必意味着绝对的幸福。

金钱不等于幸福。

天空晴朗，渔夫躺在温暖的沙滩上尽情地享受着日光浴。

一个商人走了过来问渔夫："这么好的天，你为啥不出海打鱼啊！"

渔夫说："我干吗要出海打鱼啊？"

商人说："今天天气这么好，是个出海打鱼的好天气啊。你如果下海捕鱼，就可以捕到很多鱼，你可以把它们拿到市场上去卖，你可以换到很多钱，一段日子之后，你就有钱可以去买一艘大船了，有了大船之后，就可以雇用工人，就可以捞到更多的鱼，你就会有更多的财富，然后，你就可以买更多的船，雇用更多的工人……最终，你会变成一个大富翁。到那时，你就可以什么都不用做，可以像我一样四处去旅游了，来海边尽情地躺在这里悠闲地晒太阳了……"

商人高兴地说着，但是渔夫打断了他的话，"我现在就很悠闲地躺在这里晒太阳了，为什么还要再等若干年呢？"

也许人人都想过这样一个问题：挣钱是为了什么？这似乎是一个再简单不过的问题了，所有人肯定会毫不犹豫地脱口答出："为了改善自己的生存条件；为了生活得更好、更幸福。"俗话说，有钱能使鬼推磨，但是有钱真的就能幸福吗？

美国宾夕法尼亚大学的格伦·法尔博和哈佛大学的劳拉·塔赫曾做过一项调查研究。他们选取了两万名美国公民，从20岁到64岁不等，而且还参考了1972年到2002年间美国相关社会学研究的数据，从年龄、家庭收入、健康状况、文化水平、种族和婚姻状况等众多因素入手进行了研究。最终他们发现，主宰人们幸福的最主要的因素是健康，其次才是金钱与家庭状况。

心理专家研究发现：在影响人们幸福的因素中，金钱只起到1/5的作用，在构成美好生活的成分中，它所起的作用则是1/6。1996年，伊利诺伊大学心理学家的一项研究显示：中大奖的人在他们交好运一年以后，会变得比以前更加不快乐。还有许多对中奖者的调查表明：突然间得到大量的金钱并不会使人幸福。当过了中大奖带来的新鲜期，他们反而会陷入不安之中，而且他们的生活也会遭到一定程度地破坏，比如与朋友之间产生隔阂，与家人吵架，对奢侈的生活不适应等等。因此，并不是只有富翁才有资格获得幸福快乐的生活，因为快乐感和满足感取决于相对的富有，来自于对比中的优越。也就是说，你只要比周围的邻居们更富有一点儿，你就更容易感到幸福。

巴尔扎克："黄金的枷锁是最重的。"现实生活就是这样，在我们忙着淘金的同时，似乎逐渐忘记了那曾在"岸边"的初衷，在不断创造物质财富的同时，逐渐迷失了自我，变得机械和麻木，再也没有了清贫时的单纯和真诚，多了几分城府和狡诈。在财富与压力指数成正比的今天，富人追求目标的同时，也放弃了常人唾手可得的普通幸福，超过限度的金钱反而会成为烦恼的代名词。

是的，有舍有得，在你获得财富的同时，定会失去一些东西。一些过分追求物

137

质财富的人，往往富了口袋，穷了脑袋，表面上看整天生活在灯红酒绿的环境下，貌似快乐，实则空虚。所以，对于金钱，我们的态度决定了生活的质量。在获得一定的财富后，做财富的主人而不是财富的奴隶，才能找到幸福。

德国哲学家齐美尔说："金钱是一种介质、一座桥梁，而人不能栖居在桥上。"看淡财富，让金钱成为点缀生活幸福的工具，就像那个渔夫一样，只有看淡金钱，幸福才能长留身边。

五、月有圆缺，人有得失

"月有阴晴圆缺，人有悲欢离合。"月亮圆缺转换，明暗轮回，是自然规律，不可更移。人生又何尝不是如此，生命的旅途充满崎岖和坎坷，如果患得患失，就只会被悲观、绝望窒息心智，使人生之旅如负重登山，举步维艰。我们应该明白有所失才能有所得，有小失才能有大得，有局部之失，才能有整体之得。

俗话说："有得必有失。"人生在世，若失之东隅，必然收之桑榆，也许你在一味盯着失的同时，得也悄然溜走了。得与失就像小舟的两支桨，马车的两只轮，得失只在一瞬间。失去春天的葱绿，却能够得到丰硕的金秋；失去青春岁月，却能使我们走进成熟的人生……失去，是一种痛苦，但也是一种幸福，因为失去的同时也在获得。

得到与失去是矛盾的双方，也是一件事物完全对立的两面，是完全对立统一的辩证关系。有人曾说："舍得，舍得，有舍才有得。"古人也讲："鱼和熊掌不可兼得。"所以得到与失去、追求与放弃，是现实生活中再平常不过的事情了，我们应该以平常、豁达的心态去看待。

在一个人的生命历程中，得与失在他心中其实只有一线之隔，如果所得的已经够多，即使是再得到，也不会觉得欣喜，稍有所失，却会惶恐不安；但如果所失已经太多，就是再失去，也不会感到痛惜，稍有所获，便会十分快乐。如此说来，得

给你正能量

并不意味着一定就是得意，失也不一定就是失意。颜回居陋巷，一箪食，一瓢饮，也能乐在其中；秦王统一六国，兼并天下，也能失意于其间。

生活中有许多十字路口，虽然这些路口使生活不是那么完美无缺，处处充满着苦与乐，却使人生显得绚丽多姿和变幻莫测。这就需要我们把握和控制自己，对已经失去的，不必斤斤计较，过分追悔，逝者不复来，眼泪和叹息不会感动上帝，也不会使人生增值，唯一可做的是接受现实，勇敢、乐观地迎接新的生活。

人一生中的选择机会有很多，但能够改变人生机遇的却是寥若晨星。在新的机遇面前，人们在增强紧迫感、提高自身素质的同时，一定要保持清醒的头脑，开阔胸襟，审时度势，对自己来说什么才是最重要的，然后主动放弃那些可有可无、不触及生命意义的东西，求得生命中最有价值、最必需、最纯粹的东西。为了熊掌，我们可以放弃鱼；为了赢得更广阔的生存和发展空间，我们可以放弃稳定、舒适的环境；为了庄严的真理、崇高的理想，我们可以放弃金钱、名利乃至生命。只有卸掉身上的累赘，正确面对生活中的得与失，才能获得人生的主动、快乐和崇高！

失去与得到在生活中是相辅相成的两个方面，它们无时无刻不真实、客观地存在着。人生在世，你不能总是看到其中一方面，而忽视另一方面。得与失，必有平衡点，都需要你去感受和体会，若你总因失去而痛苦，你也许会错过成功和收获的时候；如果你常感到失落，你也就不能体验获得的快乐。

有一个青岛商人在出货的时候发现急需缝制箱包的专用绳线不够用了，于是，他打电话给河北白沟一个专卖绳线的人，要求他当天就把线发出。由于对方急着要货，商人要赶在第二天晚上之前，就要把货物包缝制好，随船出口。卖线人不敢怠慢，赶紧把线带到霸州，然而等赶到霸州，开往青岛的车已经走。卖线人赶紧打电话把这个消息告诉了商人，哪知商人急了，要他想尽一切办法也要把线运到青岛，如果这批货走不了，商人将血本无归。

这让卖线人很为难，因为对方要的线总价值才150元，他要是坐飞机去送，肯定是自己吃亏。然而思量再三，卖线人最终还是选择了坐飞机把线亲自送过去，等他第二天上午11点出现在青岛时，商户早已等在了机场，而且热泪盈眶。卖线人没料到，从青岛回来后，竟有许多客户找上门来要和他做生意，而这些客户大多是青岛那个商人介绍来的。

一位哲人说过："人生最远的距离是'得'和'失'，有失去才有得到，道理谁都懂得，可是要去做，却并不容易。"不容易在哪里？如果那个卖线人为了自己的小利而放弃这生意，他能有以后的诸多客源吗？答案当然是不能。在人的一生中，舍弃有时候是痛苦的，但有时候却是美好的。

有人说："人生之难胜过逆水行舟。"人的一生中，不如意的事情占十之八九，而最常受到困扰的就是得到和失去的矛盾，只有明白了失去之道和获得之法，并将之运用于生活、人生，人们才能从无尽的烦恼中解脱出来，在人生的道路上进退自如，豁达大度。

生活在尘世中的人们，大都有"终朝只恨聚无多"的心理，无论做什么都只想得到，舍弃谈何容易？何时该获得，何时该舍弃，真是很困难，天下没有放之四海而皆准的真理，只有根据此时、此地、此情、此景去综合地考虑。但是人们考虑获得和舍弃的时候大都有一个误区，不能用辩证的哲学观点来权衡获得和舍弃的利弊得失。

得与失一直是辩证的关系，在众多的拥有中，每一个人只能是一部分拥有。什么都想拥有的人，迟早要受到生活的惩罚，现实生活中这样的例子比比皆是。在生活中，你得到了事业，很可能就要失去生活；你坚持了原则，就会失去朋友；你舍不得机关生活的安逸，就得不到下海冲浪的收获。什么都想得到的人，结果什么都得不到，就像熊瞎子掰棒子一样，到头来一无所有。舍弃有时会有峰回路转的效果，"舍弃"中会有"获得"的转机，因为你为获得付出了成本，生活的哲学是最讲信誉的，总有一天要回报你。

人的一生中，凡事都会有得有失，这是自然循环，要认清哪些是得，哪些是失，你才能活得舒心。想要获得，就必须忍受一部分得不到的东西，要心甘情愿地去做已决定的事，因为十全十美只是幻想，在生活中是不存在的。要想得到和不失去并立，你只会失去得更多。

六、自己管好自己

每个人都有欲望，欲望是人的一种本能，困了有睡欲，饿了有食欲，缺东西用时有物欲，想做领导有权欲。任何人都有欲望。有了这些欲望，就会产生实现这些欲望的行为。人的行为源于欲望，正常的欲望，辅之以正当的行为，就会产生良好的预期效果。然而，在现实生活中，许多罪恶和丑陋现象的形成，根源往往在于不正常的欲望或非理性的欲望。不仅要规范自己的行为，还要管住自己，更重要的是控制好自己过分的欲望。

管住自己，就能管住世界；管住自己，就能战胜困难；挖掉毒瘤，就能永远健康。要做到这三点，仅有决心是不够的，仅在具体上下功夫是不行的，必须要正确清理心灵的垃圾，用知识擦亮眼睛洞察是非，用理论指导自己不走偏路。真正的人生道路，源于自己，超脱自己。没有自律，就不会有成功——"自己管好自己"。

有一个脾气不好的小男孩，总是在家里发脾气，摔摔打打，特别任性。有一天，他爸爸就把这孩子拉到了他家后院的篱笆旁边，说："儿子，你以后每跟家人发一次脾气，就往篱笆上钉一颗钉子。过一段时间，你看看你发了多少次脾气，好不好？"孩子想，那怕什么？我就看看吧。后来，他每嚷嚷一通，就往篱笆上敲一颗钉子，一天下来，自己一看：哎呀，一堆钉子！他自己也觉得有点儿不好意思。

他爸爸说："你看你要克制了吧？你要能做到一整天不发一次脾气，那你就可以把原来敲上的钉子拔下来一根。"这个孩子一想，发一次脾气就钉一根钉子，一天不发脾气才能拔一根，多难啊！可是为了让钉子减少，他也只能不断地克制自己。

一开始，男孩觉得真的很难，但是等到他把篱笆上所有的钉子都拔光的时候，他忽然发觉自己已经学会了克制。他非常欣喜地找到爸爸说："爸爸快去看看，篱笆上的钉子都被拔光了，我现在不发脾气了。"

爸爸跟孩子来到了篱笆旁边，意味深长地说："孩子你看，篱笆上的钉子都已经被拔光了，但是那些洞永远留在了这里。其实，你每向亲人、朋友发一次脾气，就是往他们的心上打了一个洞。钉子拔了，你可以道歉，但是那个洞永远不能消除啊。"

所以，不论我们做哪件事情，都要去想一想后果，就像钉子敲下去，哪怕以后再拔掉，篱笆已经不会复原了。我们做事，要先往远处想想，谨慎再谨慎，以求避免对他人的伤害，减少自己日后的悔恨。学会克制自己的情绪，记住祸从口出，学会管住自己，就会减少对朋友、同事、亲人的伤害，那么你的人际关系会更和谐一些，我们所处的世界会更多一些温暖，你的事业成功的机会会更多一些。

管好自己，也是留一盏明灯照亮自己。前路茫茫，坎坷泥泞，那凄迷的风雨、重重的迷雾常常会让我们辨不清方向，找不到路径。但是，只要我们牢牢地管住自己的内心，不动摇，不迷失，那我们就不会偏离自己正确的人生轨道。在我们奋斗的过程中，一时的喝彩，短暂的掌声，虽然会让人心潮澎湃、激动不已，但也最容易使人驻足留恋。如果我们沉溺于一时的快意，而忘了最终的目标，那么就会丧失斗志，甚至遗恨终生。学会管好自己，为了最终的目标而坚持。

七、拥有一颗真正的平常心

用平常心看待不平常事，则事事平常。平常心不是不求进取，平常心也不是消极；平常心是一种境界，平常心是积极人生，平常心是无私奉献。在有得失、成败、胜负诸事面前时时提醒自己与众人保持平常心很重要。平常心，不可无，不可变，更不可丢。平常心正因为"平常"，所以"总不平常"。

古人有言："平常心是道"。这句话的大意就是说：要眠即眠，想坐就坐，热时取凉，寒时向火，没有特别娇饰，超越染净对待的自然生活，是本来清净自性心的全然显现，得失毫不萦心。如果刻意追名逐利，有心造作攀求，终日患得患失，就会丧失平常心的和谐性、平衡性，从而转化为异常心、反常心。

日常生活中，不难见到这些情况，人们常常不是在成功的掌声、鲜花中变得飘飘然而止步不前，就是在失败的打击下变得心灰意冷而一蹶不振；不是在赢了的时候目空一切得意忘形，就是在输了的时候万念俱灰垂头丧气；不是让荣誉成为包袱而变得患得患失、畏首畏尾，就是用一时的屈辱将自己整个人生涂得一片漆黑……尽管各不相同，皆因缺少了一颗平常心，既拿不起，又放不下；既输不得，又赢不起。心境失去平静，生活失去平和，整个人生长河就像那老式座钟上的钟摆，永远不得安宁地在两极情绪间起落挣扎，品尝着绵绵无尽的焦虑与惶恐、无奈与苦涩、疲惫与怨怒、失落与惆怅。这种人如同背负着沉重的包袱赶路，总是活得气喘吁吁。

其实，如果你深入想一想，成败得失都有其自然法则，毁誉褒贬皆为平常的道理。只要怀着一颗平常之心，我们就能做到豁达而不失节制，恬淡而不失执着，宁静而不失勤谨。

世界上任何一个人在人生旅途中，都不可避免地会有得意，有失落，有成功，有失败，我们的情绪和心境，也会随之起起落落，大喜大悲，一下子迷茫无助，一下子又柳暗花明，一下子前途无量，一下子又万丈深渊。如果懂得这一切都是组成完整人生必不可少的内容，人生大起之时，也是下落的序幕，人生落到最低谷，也是积蓄力量酝酿大起的前奏，只有这样才能迅速地调整好自己。炒股亏了，是因为这种事情本身就有风险，盈亏都不是意外；爱人挣钱比别人少，无职无权没关系，只要你们依然有爱就好；领导提拔了别人，你应该多发现别人的长处，多找找自己的不足，然后加倍努力，用更好的工作成绩、更认真的工作态度去赢得领导与同事的认同……

既然生活赐予了我们憧憬明天的权利，我们就应该常怀一颗平常心，正确对待得失，带着希望上路，享受生命或艰险或平顺的每一个过程，活出一个完整而真实的自己！

拥有一颗平常心，如同拥有一台美妙的竖琴，让我们的心灵沉浸在欢欣、激昂的乐曲里；宛如向我们的心灵世界播撒阳光、雨露，满溢波涛与浮光；宛如我们的心纯净澄碧，融于自然万物中，与浪花、波涛共舞。所以，让我们以一种平常恬静的心态去品味与珍惜生活中的酸甜苦辣，去渗透与超越人世间的功名利禄，于平凡之中做出不平凡的业绩，从而获得潇洒充实的生活，享受人生的最高境界。

八、寂寞是一种清福

寂寞是一种享受，是一种清福，在这喧闹的尘世之中，我们要保持心灵的清静。

有一次，小明垂头丧气地从外面回来。大山很惊讶，问他为什么不高兴，小明说别的小朋友都玩得很起劲，只有他一个人待在那儿，心里很难受。

大山知道了小明为什么不高兴，本想安慰他几句，但当时甚至现在他都不知道说什么好。如果告诉他，那很正常，最好的往往是最孤独的，他才十岁能理解吗？

大山也有过相似的经历。几年前，大山与几个朋友在乡下路过一个小水塘，几位朋友提议下水摸鱼。大山说，你看这是死水，积的全是雨水，水又清澈见底，根本就没有鱼。可是他们不听劝阻，纷纷卷起衣袖、挽起裤腿下了水，唯有大山默默地坐在岸上看着他们。不一会儿，鱼没有摸到一条，衣服上倒沾了不少泥水，可是他们在水里摸来摸去，欢声笑语不断，而大山越来越感到孤寂。两三个小时过去了，他们才两手空空地上来，嘴里不停地调侃着、咒骂着，但大山感到他们这段时间过得很快活，而他只能独守着自己寂寞的心。

此后，尽管在生活中大山又经历不少类似的事，固执的他仍一如既往地独守这份寂寞，因为他深知，最好的往往是最寂寞的，一个人要想成功，必须能够承受寂寞。

其实，寂寞是一种难得的感觉，在感到寂寞时轻轻地合上门和窗，隔开外面喧闹的世界，默默地坐在书架前，用粗糙的手掌轻轻拂去书本上的灰尘，翻着书页嗅觉立刻又触到了久违的墨香。

像一觉醒来的孩子吵闹着寻找甘甜的乳汁，低语着一夜朦胧的梦，长长街道上有琳琅满目的商品和熙熙攘攘的人群，而我们自己是掺杂其间的一名小贩，不知不觉间已由一个风华正茂的少年变成了风烛残年的老叟，挣扎着，叫喊着"还我青春"。猛然打翻了那长长的书架，书架一股脑儿涌到我们的怀里。

梁实秋先生写了一篇关于寂寞的小文章。

"寂寞是一种清福。我在小小的书斋里，焚起一炉香，袅袅的一缕烟线笔直地上升，一直戳到顶棚，好像屋里的空气是绝对静止的，我的呼吸都没有搅动出一点儿波澜似的。我独自暗暗地望着那条烟线发怔。屋外庭院中的紫丁香还带着不少嫣红焦黄的叶子，枯叶乱枝的声响可以很清晰地听到，先是一小声清脆的折断声，然后是撞击着枝干的磕碰声，最后是落到空阶上的拍打声。这时节我感到了寂寞。在这寂寞中我意识到了我自己的存在——片刻的孤立的存在。这种境界并不太易得，与环境有关，更与心境有关。寂寞不一定要到深山大泽里去寻求，只要内心清净，随便在市尘里、陌巷里，都可以感觉到一种空灵悠逸的境界，所谓'心远地自偏'是也。在这种境界，我们可以在想象中翱翔，跳出尘世的渣滓，与古人同游。所以我说，寂寞是一种清福。

"在礼拜堂里我也有过同样的经验。在伟大庄严的教堂里，从彩色玻璃窗透进一股不很明亮的光线，沉重的琴声好像是把人的心都淘洗了一番似的，我感到了我自己的渺小。这渺小的感觉便是我意识到我自己存在的明证。因为平常就连这一点点渺小之感都不会有的！

"我的朋友肖丽先生卜居在广济寺里。他告诉我，在最近一个夜晚，月光皎洁，天空如洗，他独自踱出僧房，立在大雄宝殿的石阶上，翘首四望，月色是那样的晶莹，蓊郁的树是那样的静止，寺院是那样的肃穆，他忽然顿有所悟，悟到永恒，悟到自我的渺小，悟到四大皆空的境界。我相信一个人常有这样的经验，他的胸襟自然豁达寥廓。

"但是寂寞的清福是不容易长久享受的，它只是一瞬间的存在。世界有太多的东西不时地提醒我们，提醒我们一件煞风景的事实：我们的两只脚是踏在地上的呀！一只苍蝇撞在玻璃窗上挣扎不出去，一声'老爷太太可怜可怜我这个瞎子吧'，都可以使我们从寂寞中间一头栽出去，栽到苦恼烦躁的旋涡里去。至于'催租吏'一类的东西打上门来，或是'石壕吏'之类的东西半夜捉人，其足以使人败兴生气，

145

就更不待言了。这还是外界的感触，如果自己的内心先六根不净，随时都意马心猿，则虽处在最寂寞的境地里，他也是慌成一片，忙成一团，六神无主，暴跳如雷，他永远不得享受寂寞的清福。

"如此说来，所谓寂寞不就是一种唯心论，一种逃避现实的现象吗？也可以说是。一个高韬隐遁的人，在从前的社会里还可以存在，而且还颇受人敬重，在现在的社会里是绝对不可能的。现在似乎只有两种类型的人了，一是在现实的泥淖中打转的人，一是偶然也从泥淖中昂起头来喘口气的人。寂寞便是供人喘息的几口新空气。喘几口气之后还得耐心地低头钻进泥淖里去。所以我对于能够昂首物外的举动并不愿再多苛责。逃避现实，如果现实真能逃避，吾癯寐以求之！

"有过静坐经验的人该知道，最初努力把握着自己的心，叫它什么也不想，该是多么困难的事！那是强迫自己入于寂寞的手段，所谓参禅入定完全属于此类。我所赞美的寂寞，稍异于是。我所谓的寂寞，是随缘偶得，无须强求，一刹那的妙悟也不嫌短，失掉了也不必怅惘。但是我有一刻寂寞，我就要好好地享受它。"

九、保持一颗年轻的心

相对成年人来说，儿童可说是最懂得享有幸福的专家了。而那些能够保有赤子之心的中老年人，更可称得上是这方面的天才。因为，能保持年轻人特有的幸福精神与要旨是相当难得而宝贵的。因此，要永远保有幸福，我们不可以让自己的精神变得衰老、迟钝，不可以失去纯真。

有位老师曾问她的学生："你幸福吗？"

"是的，我很幸福。"学生回答。

"经常都是幸福的吗？"老师再问道。

"对，我经常都是幸福的。"

"是什么使你感觉幸福呢？"老师继续问道。

"是什么我并不知道。但是，我真的很幸福。"

"一定是有什么事物才使得你幸福的吧？"老师继续追问着。

"是啊，我告诉你吧，我的玩伴们使我幸福，我喜欢他们。学校使我幸福，我喜欢上学，我喜欢我的老师。还有，我喜欢上教堂，也喜欢上主日学校并喜爱其中的老师们。我爱姐姐和弟弟。我也爱爸爸和妈妈，因为爸妈在我生病时关心我，爸妈是爱我的，而且对我很亲切。"

老师认为在她的回答中，一切都已齐备了——和她玩耍的朋友（这是她的伙伴）、学校（这是她读书的地方）、教会和她的主日学校（这是她做礼拜之处）、姐弟和父母（这是她以爱为中心的家庭生活圈）。这是极单纯形态的幸福，而人们最高的生活幸福亦莫不与这些因素息息相关。

老师又向一群少男、少女提出过相同的问题，并且请他们把自认为"最幸福的是什么？"一一写下来。他们的回答令人感动。这是少男们的回答：

"有一只雁子在飞，把头探入水中，而水是清澈的；因船身前行，而分拨开来的水流；跑得飞快的列车；吊起重物的起重机；小狗的眼睛……"

以下则是少女们对于"什么东西使她们幸福"的回答：

"倒映在河上的街灯；从树叶间隙能够看到红色的屋顶；烟囱中冉冉升起的烟；红色的天鹅绒；从云间透出的月儿……"

虽然这些答案中并没有充分表现出完整性，但无疑却存有某些宇宙美的精华。想要成为幸福的人，重要的秘诀便是：拥有清澈的心灵，可以在平凡中窥见浪漫的眼神，保有赤子之心，以及单纯的精神。

很多知足者都拥有一颗年轻的心，也因此，他们更容易获得幸福，拿破仑·希尔在其《满足》一文中，对满足与幸福有如下描述。

全世界最富裕的人住在"幸福谷"。他富有历久不衰的人生理想，富有他所不能失去的东西，这些东西能给他提供满足、健康、宁静的心情和内心的和谐。

下面是他的财产清单，它们本身说明了他是怎样获得这些财产的。

"我获得幸福的方法就是帮助别人获得幸福。

"我获得健康的方法就是生活有节制，我仅仅吃维持我的身体健康所必需的食物。

"我不仇恨任何人，不忌妒任何人，而是热爱和尊敬全人类。

"我从事我所热爱的劳动，我还把游戏同劳动相结合，因此我很少感到疲劳。

"我每天祈祷，不是为了更多的财富，而是为了更多的智慧，用以认识、利用、享受我所已经拥有的大量财富。

"我不使用辱骂的语言。

"我不要求任何人的恩赐，只要求我有权把我的幸事分享给那些需要帮助的人。

"我和我良心的关系良好，因此它总是指导我正确处理一切事情。

"我所拥有的物质财富多于我的需要。因为我清除了贪婪之心。我只需要在我有生之年能用于建设的那部分财富。我的财富来自分享了我的幸事而受益的那些人。

"我所拥有的'幸福谷'的资产当然是不课税的。它主要以无形财富的形式存在我的心里，这种财富无法估量价值，也不能被占用，除去那些能接受我的生活方式的人。我用了一生的时间，努力观察自然的规律，形成了遵循自然规律的习惯，从而创造了这种财产。"

"幸福谷"中的人成功信条是没有版权的。这些信条也能给你带来智慧、宁静和满足。

十、你的心态需要平衡

在现实生活中，你的内心世界或多或少都有一些不平衡。某人赚了钱，某人升了官，某人买了车，某人盖了别墅……你觉得自己本来比他们强，却不如他们风光体面！只要一对比，就会产生不平衡的心理，而这种心理不平衡又驱使着你去追求一种新的平衡。倘若在追求新的平衡中，你能不昧良知、不损害别人，自觉接受道德的约束和限制，通过正当的努力、奋斗去实现人生的自我价值，达到一种新的平衡，倒也是值得称道和庆幸的；倘若在追求新的平衡中，不择手段，丧失道义，膨胀自私贪欲之心，让身心处于失控的状态中，那么就可能会产生一些意想不到的可怕后果。由此，你的人生将陷入难以回旋的败局之中。

老王原先曾是个表现不错，工作很能干也很有实力的政府官员，因政绩突出而不断受到提拔。但在最近这几年，当他知悉过去的同事、同学通过各种途径，生活条件都比他好时，心里总不是滋味，想想自己能力至少不比他们差，职位也比他们高，可钱却比他们少。而且自己作为一地之长，担子比他们重，责任比他们大，工作也比他们辛苦，经济上却不如他们，所以深感不平衡。由此也就有了一定要超过他们的想法。于是，在他任职期间，大肆收受贿赂。这样，他思想上警惕的闸门在不平衡心理的驱动之下终于打开了，欲望的洪水顿时倾泻而下，一发不可收，最终成了一名"死缓"的囚犯。

小李是一名年轻的教师，原先在教学上精益求精、兢兢业业，对学生无私奉献，赢得学生和家长的一致好评。但在一次朋友聚会的晚宴上看见一些人很富有时，心里就不舒服起来。此后他总在想，我怎样也能富有？于是，他经常利用上班的时间做发财的梦，开始对教书不负责任。学生和家长意见很大，他受到了学校的黄牌警告，但他不悔改，每天还是想着怎样发财，一次在一个朋友的鼓动下去做走私生意而被抓获。其结果是财没发成，还做了阶下囚。

不平衡使得一部分人处于极度不安的焦躁、矛盾、激愤之中，使他们牢骚满腹，不思进取，工作得过且过，和尚撞钟，心思不专，更有甚者会铤而走险，玩火烧身。因此，我们必须要走出不平衡的心理误区。要走出心理不平衡的误区，需要注意以下几点。

1. 要会比较

不平衡心理缘于比较方式的不当，缘于"参照系"选择失误。前面所说的地方官员和教师，他们所选择的比较"参照系"是那些风流倜傥的有钱人，自认为能力、才华不比他们差，而收获却比他们少，这是多么不公平啊！而其实，只要我们多想一想那些普通劳动者，我们的心理又何尝会有这样多的失落，甚至是愤愤不平呢？

面对着众多普通人，我们的心灵自然会多一分平静豁达，甚至愧疚，还有什么不平衡的呢？

2．心底无私

心理不平衡能导致人生创伤，而心底无私则是治愈心理不平衡的良药。在当今社会种种诱惑特别是在金钱美色的诱惑面前，一些人目眩头晕，忘记了做人的起码标准和人之所以为人的基本原则，在追求心理平衡的过程中，向腐败、堕落的目标迈进。在他们身上缺少的是圣洁的信念、奋斗的理想，是对世界观、人生观持续刻苦的改造，不能够自重、自省、自警、自励，不能够达到一种高尚人格的修炼。

3．倾诉

也叫发泄法，即将自己的痛苦向他人倾诉。倾诉法是近年来心理医学比较提倡的一种治疗心理失衡的方法。人在受挫后如果把失望焦虑的情绪封锁在心里，会凝聚成一种失控力，它可能摧毁肌体的正常机能，导致体内毒素滋生。适度倾诉，可以将失控力随着倾诉逐步疏散出去。倾诉作为一种健康防卫，既无副作用，效果也较好，如果倾诉对象具有较高的人格修养和实践经验，将会对失衡者的心理给予适当抚慰，鼓起你奋进的勇气，受挫的人会在一番倾谈之后收到良好的效果。

4．优势比较

受挫后有时难于找到适当的倾诉对象以诉衷肠，便需要自己设法平衡心理。优势比较法要求去想那些比自己受挫更大、困难更多、处境更差的人。通过挫折程度比较，将自己的失控情绪逐步转化为平心静气。其次，寻找分析自己没有受挫感的方面，即找出自己的优势，强化优势感，从而扩张挫折承受力，认识事物相互转化的辩证法。挫折同样蕴涵力量，挫折刺激能激发潜力，正确运用挫折的刺激，就能挖掘自身潜力。

5．目标法

挫折干扰了自己原有的生活，毁灭了自己原有的目标，重新寻找一个方向，确立一个新的目标，这就是目标法。目标的确立，需要分析思考，这是一个将消极心理转向理智思索的过程。目标一旦确立，犹如心中点亮了一盏明灯，人就会生出调节和支配自己新行动的信念和意志，去努力达到目标。目标的确立是人意识转化为行动的中介，是客观认识向实践飞跃的起始阶段。目标的确立标志着人已经开始了下一步争取新的成功的历程。目标法既可以抑制不符合目标的心理和行动，又可以激发和推动我们付诸达到目标所必需的行动，从而鼓起我们战胜困难的勇气。

因此，要想以健康的心态生活，首先要学会平衡你的心态。

十一、兴趣，生活的调味剂

一个男孩从小热爱音乐，想学习音乐，并且将它看作是自己的人生目标。可固执的父亲却觉得学音乐没有前途，于是逼迫男孩学习他认为"极有前途的行业"——律师。

不过相比于灵动优美的音乐，男孩对于那些枯燥的法律条文无论如何也提不起兴趣。只有在音乐中，他才能找到无与伦比的快乐与满足感。见儿子如此酷爱音乐，父亲不仅没有加以支持，反而采取种种手段进行限制。例如不准男孩出去玩，每天只能待在家里啃厚重的法律书籍。甚至因为学校开设了音乐课，就禁止让儿子上学。一厢情愿的父亲哪里知道，儿子的眼睛虽然盯着法律条文，可心里却充满了五线谱。

后来，男孩将父母给的零花钱攒了起来，偷偷地从杂货店里买了一架旧钢琴回来，将它藏在附近的储物间，每天晚上，待父母都睡着后，便悄悄地溜出去练习。

光阴似箭，男孩终于长大成人，他最终还是没有按照父亲的想法成为法学者，而是走上了自己热爱的音乐道路，并创作出了脍炙人口的清唱剧《弥赛亚》。这个热爱音乐的男孩，就是17世纪著名的英籍德国作曲家亨德尔。

在数百年后的某个城市里，也有一个男孩。和亨德尔不同的是，这个男孩的父母没有让他学习枯燥的法律，而是十分支持他学习音乐，甚至节衣缩食给他买了一架钢琴。

如果亨德尔诞生在这样的家庭，肯定幸福得要死。可惜这个男孩却对音乐一点

151

儿感觉都没有。他喜欢的是美术，他渴望每天坐在画板前调色而不是每天坐在钢琴前面敲打琴键。不过，这个男孩同亨德尔相同的是，他们都有固执的父亲。在父亲的逼迫下，他平时需要练习2个小时以上的钢琴，周末则更是从早练到晚。最终，忍无可忍的男孩在某天晚上找来一把菜刀，将钢琴砍得稀烂，然后离家出走再也没有回来。

同样都是对待音乐，有的人热爱无比，有的人却反感憎恨。对于这种现象，我们都可以用两个字来解释——兴趣。

要解释兴趣，最权威的莫过于生物学者和心理学者。他们习惯于用DNA或者体内的分泌物来解释我们的情感倾向。其实大可不必这么麻烦，毕竟对于非医学家、非心理学家的普通人来说，只需要知道"兴趣"的作用便可以了。

与其说兴趣来自于人体内的激素，倒不如说它是一种天然的莫名引力，它仿佛带有奇妙的魔力，能让我们为某件事情着迷。就像亨德尔对音乐的痴迷，或者另一男孩对于美术的热爱，都是兴趣使然。因为有兴趣，他们可以为自己热爱的事物不眠不休，坚持下去。同样，因为没有兴趣，他们对父母逼迫自己做的事情，无动于衷甚至反感厌恶。

可以奇迹般的让某件事对某个个体产生强大的吸引，使后者乐于学习钻研、领会探究，兴趣的魅力就在于此。

兴趣人人都有，只是方向不同。有人热爱时尚信息，有人擅长逻辑思维，有的则对于色彩把握敏锐。正是由于存在这些个体性格的差异，便使得我们每个人都有自己最感兴趣的方面。倘能够充分朝兴趣这一方面发展，自然会如鱼得水。因为从事自己热爱的行业，无论出现怎样的问题，都不失为一种乐趣。既然如此，定然可以坚持下去，并能触类旁通，达到某种境界。

人生多数的事并非都是心想事成的，也并非人人都可以将自己的兴趣作为人生道路。不过，正如胡适先生所说："一个人应该有他的职业，又应该有他的非职业的玩意儿。不是为吃饭而是心里喜欢做的，用闲暇时间做的。这种非职业的玩意儿，可以使他的生活更有趣，更快乐，更有意思，有时候，一个人的业余活动也许比他的职业更重要。"

尽管或许无法成为事业，不过兴趣仍然有自己存在的非凡价值。至少，在做自己感兴趣的事情时，我们是专注的，内心也是无比充实的。乐趣便因此油然而生。生命本就充满坎坷，自然要多寻些乐子，让人们多些欢笑和感动。

没有调味的饭菜是乏味的，没有兴趣的人生，同样枯燥干涩。谁愿意自己的生活中除了不得不做的工作，再无别的乐趣？

辛苦一天，下班之后坐在钢琴前弹奏一曲；或者拿出自己宝贝的画笔帆布，给妻儿画上一副肖像；又或者趁着周末假期，约上三五好友外出游山玩水一番……对兴趣的遵从，便让工作的压力、生活的困苦在不知不觉中被悄然抹去。19 世纪的英国，有位叫作弥尔的人，他本身是东印度公司的普通秘书，却因为其兴趣集中在思想、哲学之上，而被后人尊为思想家。试想，当他结束了刻板的秘书工作，坐在家中那张舒服的红木椅上思考自己热衷的哲学问题时，是多么大的人生享受。

当然，钻研兴趣，还能令人变得魅力四射。当我们看惯了某人的一张面孔时，突然认识到一个完全不同的他。比如，在 Club 和朋友聚会时突然看到平日冷艳理性的美女同事竟然在舞池里跳着热辣魅惑的热舞，这将是多么有趣、让人着迷的事。

有兴趣的女人，是活力四射的；有兴趣的男人，是魅力无限的。发现并培养专属自己的兴趣，便是生活充满轻松愉悦的开端了。

十二、保持一颗善良的心

人世间最宝贵的是什么？法国作家雨果说得好：善良。"善良是历史中稀有的珍珠，善良的人几乎优于伟大的人。"

罗素曾说："在一切道德品质中，善良的本性在世界上是最需要的。"

播种善良，才能收获希望。一个人可以没有让旁人惊羡的姿态，也可以忍受缺金少银的日子，但离开了善良，却足以让人生搁浅和褪色——因为善良是生命的黄金。多一些善良，多一些谦让，多一些宽容，多一些理解，让人们在生活中感受到美好和幸福。

在国外有两则小故事。一则说的是在一场暴风雨过后，大河当中成千上万条鱼被卷到了一个海滩上，一个小男孩每捡到一条便把它重新送入到大海里，他就这样不厌其烦地捡着。

恰好有一位路过这里的老人对他说道："你一天也捡不了几条。"小男孩一边捡着，一边说道："起码我所捡到的鱼，它们重新获得了新的生命。"小孩就这么一说，这位老人便为之语塞。

还有一则故事说的是在巴西的一个丛林里，一位猎人在射杀一只豹子的时候，竟然看到了这只豹子拖着流出肠子的身躯，爬了半个小时，最后它爬到两只幼豹面前，喂了最后一口奶后倒了下来。看到这一幕，这位猎人流着眼泪折断了猎枪。如果说前一个故事讲的是善良的圣洁，那么后面的这个故事中猎人的良心发现也不失为一种"善莫大焉"。

作家马克•吐温把善良称作为一种世界通用的语言，它可以使盲人看到无限的光明、聋子听到美妙的声音。对于那些心存善良的人，他们的内心滚烫，激情而火热，能够驱赶寒冷，横扫阴霾。善意产生善行，同善良的人接触，往往可以使智慧得到开启，情操变得高尚，灵魂变得纯洁，胸怀更为宽阔。与善良的人相处，根本就不必设防，心境也会自然坦然。

著名学者余秋雨曾在为读者签名的时候常常会因读者之邀而题下一句名言警句，那就是"善良"二字。善良会教给人奉献、理解、宽容、纯洁。在物欲横流的世界里，心存善良，做一个善良的人，生活就会多一些劳碌，可是就一定会少一点儿浮躁；也许会多一些奉献，但一定就会少一点儿冷漠；也许会多一些别人的白眼，但一定会少一点儿丑陋；也许会让自己多吃点儿苦，但一定会让自己活得坦然。一个人，可以没有美丽的容貌，可以没有丰厚的家产，没有他人羡慕的地位，甚至长时间渺小如蚂蚁一般，不为四周的人关注，但是，绝对不能没有善良。因为一个人一旦没有了善良，他的人生就会搁浅、就会褪色，甚至还非常有可能成为虎狼，成为蛇蝎……用一颗善良之心对待人生，这是我们每个人应当追求的心灵境界；以善良之心对待他人，又是我们道德规范的题中之意。善良教育，则是我们这个社会不可或缺的重要一环。善良是黑夜中的灯火，是精神世界里灿烂的阳光，是万古而闪亮的无数颗星辰，是永恒的春天。

古语曰："人之初，性本善。"善良之心人皆有之，善良之举人人可为。想要拥有善良，并不在于钱财的多与少，也不在于年龄的大与小、体格的强与弱，只要有善心、施爱心，对于他人来说都是冬日的阳光，雪天的薪火。心存善良之人，总是在播种阳光和雨露，医治他人的心灵与肉体上的创伤。人世间多一些善良，也就自然会多一些谦和，多一些宽容与理解，人们在平时的生活当中就会感受到更多的美好与幸福。

人一旦死了就不可能复生，悲剧不应该重演。善良不能流走。善良是宝，让我们人人心存善良，个个尽献爱心吧，善良的行为慈善的心，将如星辰光华，让人间无限温暖，让社会永远光明。

十三、幸福是一种感觉

每个人对于幸福的理解可谓是各种各样的。就个人而言，只要身体健康，有别人的关爱，生活过得愉快，就是幸福；就家庭而言，一家大小和睦相处，互敬互爱，就是幸福；就事业而言，有拼搏有收获，就是幸福。幸福距离我们非常的近，有时离我们也很远。有人曾这样对我说：你想要幸福吗，请自己去找！也就是说，幸福不会凭空而来，其关键是要靠我们自己去把握。

对于幸福的人，他们之所以会感到无比的幸福，那是因为他们根本就不在乎用什么去规范幸福是什么。他们的幸福大多来自心中的感觉，他们以知足常乐的心态去圈定幸福的存在。但是有的人，他们把自身的幸福寄托于遥远的未来，他们将需要付出艰辛努力与不懈奋斗才能得到的理想目标，圈定为自己的幸福。而在这过程中，他们没有幸福感，或感到自己离幸福很远。他们并不知道，其实享受过程也是幸福的，甚至，享受过程比享受结果更幸福。所以，有些人永远都不会有真正的幸福。实质上，对于这种不懂得及时享受眼下已得幸福的人们，却是世界上十分不幸的一类人。

经常看到一位年纪很大的老人，他总是一个人孤独地坐在一条河边，面对哗哗的流水若有所思。在一些人眼里，这位老人是孤寡和不幸的，因为从来没有人陪过他。有一次，有一个人特地走近他，询问他为何总是一个人坐在这里，难道不感到寂寞吗？然而这位老人呵呵一笑，说道：你难道不觉得我这样也有滋有味，也很幸福吗？这个人听完老人的话，顿时一股肃然起敬涌上心头。

其实就是这样的，幸福来自于一个人宁静致远的心态。浮华人世中，人生的幸福源于我们对身边事物的理解，幸与不幸，完全就在于我们对事物的看法。生活虽然平淡，但是其当中却蕴藏着一个深刻的哲理。一个人，只要对生活充满了热爱，对人生充满了信心，对社会充满了责任，对他人充满了关爱，对工作充满了激情，因此，幸福就会永存心间，时时刻刻伴随着自己。幸福就如同哗哗的流水，渊远而流长。

幸福是人内心的一种感觉。它与人们的贫富贵贱、地位高低几乎没有关系。穷人的幸福在于人穷志不穷，在于同甘共苦和相濡以沫；富人的幸福，在于他们靠勤劳致富，在于懂得如何去回报社会。一个家庭的幸福在于和睦，一家大小彼此关爱，一起为营造温馨的家庭气氛而努力。爱情的幸福在于两人心心相印，心灵相通。朋友的幸福在于互相信任与关心，君子之交淡如水，即便是偶尔一次相处，倘若能志同道合，也能海内存知己，天涯若比邻。

幸福是一种感觉，只要你能够做到善待自己，关爱他人，那么幸福的滋味自然就可以长久品尝，回味无穷。需要记住：因为你感到幸福，所以你才会幸福！

第八章　放下一切，潇洒一生

一、放弃该放弃的

当鸟翼系上了黄金时，鸟就飞不远了。

——泰戈尔

有人说：放弃不该放弃的是无能，不放弃该放弃的是无知。在每一个人心灵的最深处，总会存放着许多事、许多人。比如对一个心仪已久却无缘分的朋友，投入很多却可能一无所获，但如果太执着，会是一种负担，而放弃这些该放弃的则是一种解脱。在这个世界上要面对现实，我们每一个人都是凡夫俗子，都没有能力和精力去拥有太多，也没有权力要求那么多。我们走过童年的纯真，少年的快乐，才能渐渐长大，从多少次失败打击中长大，从多少次挫折坎坷中长大，于是有了一个个的蓦然回首。知道有些事不能过于强求，有时要懂得放弃。

人总是喜欢争取一切自己看上的东西，总是下意识地认为只要自己争取了，就一定能得到，但却忘记了看看那个东西适合不适合自己。美丽别致的鞋子有时是不合脚的，当你撑足了面子，脚却疼痛难忍，你想穿回原来那双合脚的鞋子时，你会发现你已再也找不到它的踪迹，后悔都为时已晚了。放弃可能是生活中要时时面对的清醒选择，学会放弃才能卸下人生的种种包袱，然后轻装上阵，安然地等待生活的转机，度过人生的风风雨雨；懂得放弃，才会拥有一份成熟，才会活得更加充实、坦然和轻松。

生活在人世间，每一个人的一生都会或多或少有些无奈，如果我们有太多的放不下，就会有更多的无奈。放下就意味着释怀，释怀就意味着无忧无虑，这是佛家追求的一种理想境界，同样也是每个人所追求的。人生会面临太多的诱惑，有的人总是一头扎进去就不愿出来，不愿意丢掉这些本该放弃的东西，这样，他就会在诱惑的旋涡中受伤；人生有太多的欲望，在这些欲望的驱使下，有的人会拿起不该拿起的东西，又舍不得放下，最终也就会在人生的道路上迷失方向。

在我们的日常生活中，总会有些事，我们经过百般努力，但成功却还是遥遥无期时，这时，我们就要学会放弃，因为它是我们该放弃的，继续做下去只会给我们带来惨痛的失败，不妨换一个活法，换一种方式，或许这样我们才会惬意无比。如果我们在一次不经意中得到一个意外的便宜，在我们沾沾自喜之后，一定要赶快放弃，便宜的背后，往往潜藏着阴毒的杀气，会使我们跌进低谷，以至于遍体鳞伤。每一个人都是有感情的，如果我们很努力地去打动别人，却不能使他动情时，你不妨学会放弃，把你绵绵的情思，深深地冷藏在心底。因为那不是我们要争取的，那是我们应该放弃的，带着他只会让我们伤感，让我们伤痕累累。

如果你走进一条死胡同，你应该赶快放弃，及时回头，会给你带来新的契机。如果你的成功已达顶峰，你更要学会放弃，急流勇退，才能给世人留下辉煌的记忆。如果费尽心思自己却不能开心，那又何必再坚持，其实放弃未必不是更好的结果！

二、放弃多余的东西

每个人总是希望有所得，以为拥有的东西越多，自己就会越快乐、越幸福。也正是这种被我们认为人之常情的东西迫使我们沿着要获得的路走下去。可有一天，我们忽然惊觉：我们的忧郁、无聊、困惑，一切不快乐、不幸福，都和我们的要求有关，我们之所以不快乐，是我们渴望拥有的东西太多了，或者，太执着了，

给你正能量

不知不觉，我们已经执迷于某个事物。无论你的名誉、地位、财富、亲情，还是你的烦恼、忧愁，都有很多该放弃而未放弃或该储存而未储存的。生活快乐的人懂得随时淘汰那些不再需要的东西，省去了集中处理的精力，使心中、使眼前都清净。

人类本身都有喜新厌旧的心理，都喜欢焕然一新的感觉，不学会放弃就无论如何也无法焕然一新。放弃会使你显得豁达豪爽，学会放弃也就成了一种境界，大弃大得、小弃小得、不弃不得。放弃会使你冷静主动，放弃会让你变得更富智慧和更有力量。在生活中应该学会遗忘不如意的事，学会放弃生命中可有可无的东西，放弃该放弃的东西，心胸自会坦然。背着许多金银珠宝的富人，走遍千山万水难寻快乐，后向唱着山歌走来的衣衫褴褛的农夫讨教快乐的秘诀，农夫告诉他，只要把背负的东西放下就可以了。是啊，只要放下，就会快乐。

从前，有一个自认为很聪明的小伙子，他很要强，总是想在一切方面都要比别人强些，他最大的愿望就是成为大学问家。可是，一年一年过去了，他的其他方面都不错，就是学业没有长进。他很苦恼，就去向一个禅师求教。

禅师说："我带你上山吧，到了山顶你就能明白为什么了，也会知道该如何做了。"

那山上有许多晶莹的小石头，非常好看，小伙子也很喜爱这些小石头。每见到他喜欢的石头，大师就让他把它装进袋子里背着，很快，他就走不动了。

"师傅，再背，别说到山顶，恐怕连动也不能动了。"他疑惑地望着禅师。

"是呀，那该怎么办呢？"禅师微微一笑，"放下，不放下背着的石头咋能登山呢？"年轻人一愣，忽觉心中一亮，向大师道了谢便走了。之后，他一心做学问，进步飞快……

在我们的生活中，时刻都会在取舍中选择，懂得放弃才有快乐，背着包袱走路总是很辛苦，只有懂得放弃该放弃的才能有更多精力去获得自己该得到的。其实，人要有所得必要有所失，只有学会放弃，才有可能登上人生的最高峰。懂得了放弃的真意，静观万物，体会与世界一样博大的境界，我们自然会懂得适时地有所

159

放弃！

　　每个人都渴望索取，渴望占有，却常常忽略了舍，忽略了占有的反面——放弃。懂得了放弃的真意，也就理解了"失之东隅，收之桑榆"的真谛。人生在世，有许多东西是需要不断放弃的。在仕途中，放弃对权力的追逐，随遇而安，得到的是宁静与淡泊；在淘金的过程中，放弃对金钱无止境的掠夺，得到的是安心和快乐；在春风得意时，放弃对美色的占有，得到的是家庭的温馨和美满。

三、抛开烦恼，自在生活

　　一位满脸沮丧、满面愁容的生意人来到智慧老人的面前，希望智慧老人能解答他的疑问："先生，我急需您的帮助。虽然我很富有，但人人都对我横眉冷对。生活真像一场充满尔虞我诈的厮杀。"

　　智慧老人回答道："那你就停止厮杀呗。"

　　生意人对智慧老人漠然的告诫感到有些无所适从，也无法理解。于是他带着失望离开了老人。在接下来的几个月里，他的情绪变得很糟糕，与身边的每一个人开始争吵斗殴，并由此结下了不少冤家。一年以后，他变得心力交瘁，再也无力与人一争长短了。

　　他又带着满心伤痛来到智慧老人面前："哎，先生，我不想跟人家斗了。但是，生活还是如此沉重，它真是一副重重的担子呀。"

　　智慧老人从容地回答道："那你就把担子卸掉呗。"

　　生意人对老人依然淡漠的回答感到气愤，就怒气冲冲地走了。在接下来的一年当中，他的生意遭遇了挫折，并最终丧失了所有的家当。妻子带着孩子离他而去，他变得一贫如洗，孤立无援。

　　于是，他再一次来到这位老人面前："先生，我现在已经两手空空，一无所有了，生活里只剩下了悲伤。"

给你正能量

"那就不要悲伤呗。"生意人似乎已经预料到老人会有这样的回答，但这一次他既没有感到失望也没有感到生气，而是选择在老人居住的那座山的一个角落住了下来。

有一天，他忽然悲从中来，趴在地上号啕大哭了起来——几天，几个星期，乃至几个月地流泪。最后，他的眼泪哭干了，抬起头来，早晨温煦的阳光正普照着大地。于是他又来到了老人那里："先生，生活到底是什么呢？"

智慧老人看了看天，然后微笑着回答道："一觉醒来又是新的一天，你没看见那每日都照常升起的太阳吗？"

生活就是这样，太多的烦恼，太多的伤痛一直占据着人们心里的一方净土，使人们为之拼命。其实只要放下，就可以得到解脱，自在地生活，但真正的放下却并不容易。如果放下的是自己无比珍视的，放下的是对过去的告别和决裂，放下的是一种生活和心情，你能轻易地放下吗？有人纵酒高歌，有人热泪滂沱，有人四处倾诉，试问：你能轻易地放下吗？很久以来，不愿以己之烦恼和悲伤施于他人，可这独自放下，就分外地痛苦和孤独。在我们的一生中有多少个拿起与放下，当我们在轻轻拿起一样东西时，是否想过以后能否也轻易放下呢？

每个人都希望自己的生活过得简单，但什么是简单？每天被家庭的开支左右，被同事的争吵束缚，为朋友的不理解而耿耿于怀……久而久之，当诸多问题在心里形成解不开的疙瘩时，想要自在地生活就成了奢望。其实只要放下，你就可以得到你想要的生活。但太多的人却不愿意放下，功名、事业等已经融入人们的生活中，要立马放下对他们来说是一种折磨。然而，长痛不如短痛，放下能让自己避免痛得更厉害，为什么不去尝试一下呢？

生活是沉重还是轻松，完全依赖于人们怎么去看待它。生活中谁都会遇到各种烦恼，如果你摆脱不了它，那它就会如影随形地伴随着你，为你的生活添加一副重担子。其实，无论你怎么样，太阳每天都会东升西落，不会因为你的烦恼而停止转动，所以，试着放下烦恼和忧愁，就会发现生活原来可以如此简单。

四、不要背着别人的眼光上阵

走自己的路，让别人去说吧！

——但丁

世界上的万物，都有着自己与众不同的生活方式和各自的命运，就如花儿为了绽开笑脸，而不得不迎接风雪的挑战，就如飞蛾为了寻找温暖，才有扑火自焚的壮举……或许有很多的行为在他人眼里是不可理喻的，但那又能怎样呢？每个生物都是一个独立的个体，有着自己独特的个性和生活。人类也是这样，如果一个人总是被他人的评价所左右，把精力全部消耗在应付环境及他人的评论之中，以至没有余力去追求自己的人生理想，那该是多么可悲呀！

但在我们身边，很多人不是为了自己而活，他们总是在别人的指指点点下小心翼翼地生活，做一件事总是要在意他人的看法与评价，他总是想："我这样做，外人会怎么评价我呢？""别人会对我是什么看法呢？""他们该不会笑话我吧"……他们让别人的口水淹没了自己的个性，每走一步都要左顾右盼，直到肯定没有任何人的异议才敢放心地迈出一步。

人们生活在社会的圈子中，自己难免不对他人进行评价，别人也难免不对自己进行评价。不错，评价对于人们来说是很重要的，当自己的做法受到他人的赞同时，就会充满动力，但也不能被他人不认同的看法而左右，以致改变自己的路线，放弃自己的目标。毕竟每个人都有不同的生活环境和思想，有自己做人的标准，他人的评论只不过是他站在自己的角度看问题，是他自己的看法罢了。你认为有道理就听，认为不正确就可以不理会，主动权应掌握在你的手里。如果对于他人的评价都一股脑儿接受，靠别人的评价才能找到自己的存在，把他人的评价看得太重，就必定会失去自我。

中国历史上唯一的一位女皇帝武则天，在当时的那种社会环境下，打破男尊女卑的罗网，打碎封建思想的桎梏，一跃登上皇帝宝座，统治长达半个世纪，形成强有力的中央集权，社会安定，经济发展，上承"贞观之治"，下启"开元盛世"，不拘一格任用贤才，顺应历史潮流进行改革。可她又杀死了自己的亲生儿女，废除太子，为了达到目的而环环相扣地设计，阴狠毒辣的手段让人不寒而栗，死后她还为后人留下一个无字碑，尽听众人好与坏的评价，这又是怎样的一种大度。

只有心胸开阔的人，才能摆正心态倾听他人不同的评价，正确看待自身与他人的差异，不会因他人的大加赞赏，就骄傲自满，也不会因他人不同意见而认为是不公的评价，总想为自己辩解。他既不会自轻自贱，也不会盲目自信，更不会把自己宝贵的时间浪费在无谓的辩解和愤愤不平上。

"坚持自己的选择，走自己的路"。多么平淡的一句话，可在众多异样的眼光和嘲讽下，又有几个人能做到呢？

有一个女孩，在她三岁的一天，和母亲从外面回家，她坚持要走自己选择的一条小路，可母亲认为这根本不可能，因为从来没有从这里走过。但倔强的她非要走，即使母亲非常生气，吓她说前面很危险。最后母亲犟不过她，只得陪她同行，没想到她们真的回到了家。

在她上学后，她依然这样。课堂上，她对一些习题的独特解法常常令老师目瞪口呆，还常常和老师较劲。17岁的时候，她在读了一本有关居里夫人的书后，立下志愿自己也要当科学家，做"居里夫人第二"。大学毕业后，父母想让她去当一名中学老师，但她已有自己明确的目标，坚决不答应，她一定要坚持自己的选择。可在当时，反犹太人的浪潮一波高于一波，同时对妇女的歧视更是远没有消除，出生在中下层犹太人家庭的她非常明白，自己选择的路将困难重重。为了能够继续求学，她当上哥伦比亚大学一位生物化学家的秘书，这也使她能旁听研究生的课程。

在她经过自己千辛万苦的努力后如愿以偿地当上了伊利诺大学工程学院的助教时，歧视妇女的人却又冷嘲热讽说是因为许多优秀的男青年去参军了，她才得以显露出来。面对这些白眼冷遇，她全都不予理睬，更加努力地去作研究。

163

她在入校的第二年就取得了硕士学位，并成为伊利诺大学物理系的第一位女博士。在随后的几年里，经过不懈的努力，她发明了放射免疫分析法，对医学界可谓是一场革命，被称为是第二次世界大战后"在临床医学中最重要的基础研究成果"，并因此而荣获诺贝尔生理学及医学奖……

她就是罗莎琳·苏斯曼·雅洛，一位一生坚持走自己路的女科学家。她有自己坚定的信念和执着，不顾外人的热讽冷嘲，不顾外界的困难阻挠，用自己的满腔热情，认定自己所选择的路，走出一片属于自己的广阔天地。

纵观古今中外所有有成就的人，他们无不是坚定不移地走自己的路，即使选择的是一条艰难的路，即使路上的艰辛与困苦没有人与他分担，即使会为此而付出沉重的代价，甚至是生命，他们也从不把外界的困难和他人异样的眼光、嘲讽、不理解放在眼里，失败了，跌倒了，爬起来，掸掸身上的泥土，继续前行。就像但丁说的，走自己的路，让别人去说吧。就像李白笔下所写的"蜀道"，蜀道之难，难于上青天。想要做有成就的人，就不能活在他人的目光下，坚持自己的理念，摈弃前人的观点，别人即使向你投来更多怀疑的目光也无须畏惧。相信自己，相信真理，走自己的路，不在乎外界的眼光。

五、顺其自然也是一种办法

人生在世，做很多事情我们都会感到无能为力，与其选择苦苦挣扎，何不顺其自然，或许还会有柳暗花明又一村的效果。

一个人，是乐观还是悲观，似乎是天生的，是属于个性的一个部分。相信大多数人都有过这样的经历：明知有些话不该说，但最终还是忍不住说了；明知有些事做了，上司或老板会不高兴，但在一气之下还是做了。事后只有归咎于个性，然后自嘲地说，"江山易改，本性难移嘛，我要是不这样说不这样做，那就不是我了。"更有"升级版"，就是把个性当作原则，如果在职场不如意，就会强调自己不能放弃自己做人的原则。

身在职场，身不由己。小李在一个规模挺大的私营企业做经理，能力不错，业绩也很好，只是他个性颇强，常常出口伤人。不论对象是谁，只要他觉得不对，便会给以颜色，最终他的同事及上司都无法忍受他的做事风格。老板找他谈话，希望他能尊重其他人的感受，因为他的能力不错所以公司还希望留用，但他当即翻脸，说道："看到不对的，我就是要说，这是我的个性，是我的原则！"结果可想而知，老板终于忍无可忍，炒了他的鱿鱼。且不论小李的行为对错，他把"个性"与"原则"作为理由，就是职场的大错与大忌。

张诚是位老员工，业务过硬，为人也忠诚可靠，但由于不会"来事"，多年来一直未能得到重用，看着一些比自己资历浅，能力也未必在自己之上的人，凭着擅长领会领导意图、溜须拍马，在职场青云直上，张诚的心里颇为愤懑，时常对同事发一些牢骚。小莉刚刚毕业，看着同办公室的小芳凭着漂亮脸蛋和一张会说话的小嘴，把主任哄得天天眉开眼笑，醋意大增，时常背后说些风凉话："有什么了不起，看她都快成主任的'小蜜'了……"

很多人都曾有过和小李、张诚、小芳类似的经历。多数人遇上这样的事情，虽然心里不满，但能顺其自然，不过分计较，也有的人则会对此耿耿于怀，或者直接找领导去辩理，或和他看不惯的人吵架，或者悄悄地用心计，和自己的"假想敌"争宠，钩心斗角，也有的人则把对"假想敌"和领导的不满长期压抑在心里，一个人生闷气，甚至有人因此而闷出病来。

真正的"原则"是人类社会颠扑不破、历久弥新、不言自明的真理，是人类行为的准则，也是不容置疑的基本道理，历经考验而永不改变；是一些不分时间、不分种族所公认的"价值观"。职场风云变幻莫测，不可能事事都遂人愿，事情已经发生，既然无法去纠正，无法让它像从来没有发生过。那何必还要耿耿于怀呢？不能纠正的事，何必还要纠正呢？

六、不要苛求绝对的公平

生活是不公平的，要去适应它。

——比尔·盖茨

生活中，这样的现象时常在我们的身边发生：没有能力的人身居高位，有能力的人怀才不遇；做事做得少或者不做事的人，拿的工资要比做事多的人还要高；同样的一件事情，你做好了，老板不但不表扬还要鸡蛋里挑骨头，而另外一个人把事情做砸了，却得到老板的夸奖和鼓励……诸如此类的事情，我们看了就生气，会理直气壮地说："这简直太不公平了！"

但是我们无法改变的是，现实中没有绝对的公平，绝对的公平是不存在的，这个世界不是根据公平的原则创造的。譬如，老鹰吃蛇，蛇吃鼠，鼠又吃粮食……只要看看大自然就可以明白，世界对于这些受到威胁的弱者来说永远是不公平的，弱肉强食，优胜劣汰，没有公平可言。如果只是一味地追求绝对的公平，只会导致心理严重失衡，使自己变得浮躁不安。何不放下这种追求绝对公平的心态，使自己的心灵得以解脱呢？放下，就是快乐。

因此，面对这些不公平，我们应该像比尔·盖茨说的那样："生活是不公平的，要去适应它。"没错，生活上有太多的事情都充满着不公平。就像选秀，你认为自己比其他人优秀，你的投票率会最高，但最后结果可能是评委都没选中你，你肯定觉得比赛有黑幕、不公平，是他们使你丧失了一个能够让你一夜成名的机会。

也许在工作中，你是最努力、业绩最好的一个，但偏偏在升职的候选名单上，领导却把这个提名给了个会拍马屁的人，而你还是要做"老黄牛"继续默默耕耘。你会觉得自己努力工作都是白费的，所有的努力都得不到领导的肯定。所以在这时抱怨、愤怒等情绪都会围绕着你。但你是否知道，在这种处境中，不仅会压抑人的良好心境，对人体健康也会产生不利影响，而且还会扼杀你的聪明才智与创造才能。

其实，这所谓的公平无非是想得到别人的认可和赞扬，是自己的虚荣心在作怪，只要自己努力过，参与过比赛，享受过这个过程就够了，其结果只是锦上添花而已，得到大多数人的认可已经是胜利者了。若是把冠军给了你，虽然可以让你激动一段日子，但往后的日子也还是一样要过，"生、老、病、死"都一样要经历。所以，不要执着于眼前的名和利，做自己喜欢做的事情，享受这个过程的乐趣，不要只为了别人对自己的评价而活。如果是那样的话，你所做的每样事情都将变成为别人而做，不是为自己而做了。要相信是金子总会有发光的那一天。

追求公平的心态阻碍着人们的正常发展，只有放下这种无谓的追求，才能够迎来和谐的人生。所以，当你遇到让你感到不公平的事情时，一定要妥善地处理。

首先，不必事事苛求公平。希望每件事都公平是人们心理常常受到伤害的原因之一。因为世界上根本就没有绝对的公平，所以不必事事都拿着一把公平的尺子去衡量，否则就是自己与自己作对。

其次，设法通过自己的奋斗和努力来求得公平。比如，有些人认为只要工作踏实肯干、业务能力强就应得到领导的青睐，而把主动与领导搞好关系的举动错误地当成了溜须拍马。他们往往忽略了领导也是人这一点，而人都需要得到别人的尊重与肯定，所以有些看似不公平的事正是自己不成熟的观念与言行造成的。

再次，改变你衡量公平的标准。不公平只是你的主观感觉，只要你从心底改变一下这个标准，就能够消除这种发自心底的不公平感。比如，自己这次没评上职称，觉得很不公平。可是如果换一个角度想想，就会发现这次评选职称的名额有限，许多和自己条件一样甚至强于自己的人也没评上，这样一想，也许你就心安理得了。

摆正你的心态，不事事苛求绝对的公平，否则就是自己和自己过不去。对生活中的小事看开一点，不要斤斤计较，对已经过去的事情不要耿耿于怀，而是把精力和时间放在创造新的价值上。这样，也许就单个事情来说不一定公平，但从整体上来说就公平了。

167

七、心胸放宽，走自己的路

　　一个旅游者在一次去意大利卡塔尼山旅游时，发现了一块墓碑，碑文记载了一个名叫托比的人是怎样被老虎吃掉的事件。因为卡塔尼山就在柏拉图游历和讲学过的城堡附近，所以一些考占学家认为，这块墓碑很可能是柏拉图和他的学生们为托比立的。

　　碑文的大意是：一次，托比从雅典去叙拉古游学，经过卡塔尼山时，看见了一只老虎。进城后，他对人们说，卡塔尼山上有一只老虎。可是城里没有人相信他，因为在卡塔尼山从来就没人见过老虎。托比坚持说见到了老虎，并且是一只非常雄壮的虎。可是无论他怎么说，就是没人相信他。最后，托比说，那我带你们去看看，如果见到了真正的老虎，你们就能相信我了。

　　随后，柏拉图的几个学生和他一起上了山，但是转遍山上的每一个角落，却连老虎的一根汗毛都没有发现。托比对天发誓，说他确实在这棵树下见到了一只老虎。于是他们就说，你的眼睛肯定被魔鬼蒙住了，你就不要再说见到老虎了，不然城堡里的人会说，叙拉古来了一个撒谎的人。

　　托比很生气，他回答道："我怎么可能是一个撒谎的人呢？我是真的见到了一只老虎。"在接下来的日子里，托比为了证明自己的诚实，逢人便说他没有撒谎，他确实见到了老虎。可是说到最后，人们不仅见了他就躲，而且背后都叫他疯子。托比来叙拉古游学，目的是想成为一个有学问的人，可现在他却被认为是一个疯子和撒谎者，这实在让他不能忍受。为了证明自己确实见到了老虎，托比在到达叙拉古的第10天，买了一支猎枪来到卡塔尼山。他发誓要找到那只老虎，并把那只老虎打死，然后带回叙拉古，他要让全城的人看看，他并没有说谎，他不是疯子。

　　可是这一去，他却再也没有回来。几天后，人们在山中发现一堆破碎的衣服和托比的一只脚。经城堡法官验证，他是被一只重量至少五百磅的老虎吃掉的。原来，托比在这座山上确实见到过一只老虎，他真的没有撒谎，他也不是疯子。可是，这种结局却是值得人们深思的……

这段碑文究竟是不是柏拉图写的，考古学界也没有确切的答案。其实，这段碑文是不是柏拉图写的并不重要，重要的是这段碑文给世人一个启示：世界上有许多不幸，都是人们在急于向别人证明自己正确的过程中发生的。那种急于证明的人，其实是在寻找一只能把自己吃掉的老虎。与其找一只吃掉自己的老虎，何不放下这些无谓的争论呢？何必让别人的看法来左右你的人生呢？世上值得追求的事情还有很多，放宽心胸，走自己的路，随别人去说吧！

朋友，你是否也曾为证明自己的正确或清白，去寻找过那只老虎？在事实和真理面前，真正的智者都是走自己的路，任别人去评说。凡事都要争个是非的做法并不可取，有时还会带来麻烦或危害。如当你被别人误会或受到别人指责时，如果你偏要反复解释或还击，结果就有可能越描越黑，将事情越闹越大。这时，最好的解决方法就是，不妨把心胸放宽一些，不去理会，做自己该做的事。只有这样，你人生的旅途才会充满乐趣。

八、放下面子，知错能改

一个人要想有面子，就要不怕丢面子。孔子说："过而不改，斯谓过矣。"意思是说：犯了一回错不算什么，错了不知悔改，才算真的错了。

人无完人，没有人会没有错误，有时甚至还会一错再错。既然错误是不可避免的，那么可怕的并不是错误本身，而是知错而不肯改，错了也不悔过。

其实，如果能坦诚面对自己的弱点和错误，再拿出足够的勇气去承认它、面对它，不仅能弥补错误所带来的不良后果，在今后的工作中更加谨慎端正，而且能加深领导和同事对你的良好印象，从而很痛快地原谅你的错误。这不但不是"失"，反是最大的"得"。

169

事实上，有勇气承认自己错误的人，他也可以获得某种程度的满足感，这不仅可以消除罪恶感和自我保护的辛苦，而且有助于解决这项错误所制造的问题。卡耐基告诉我们，即使傻瓜也会为自己的错误辩护，但能承认自己错误的人，就会获得他人的尊重，而且令人有高尚诚信的感觉。

喜欢听赞美是每个人的天性。忠言逆耳，当有人，尤其是和自己平起平坐的同事对着自己狠狠数落一番时，不管那些批评如何正确，大多数人都会感到不舒服，有些人更会拂袖而去，连表面的礼貌举动也不会做，常常令提意见的人尴尬万分。下一次就算你犯更大的错误，相信也没有人敢劝告你了，其实这是你做人的一大损失。

当我们错了——若是我们对自己诚实，这种情形十分普遍——就要迅速而真诚地承认。这种态度不但能产生惊人的效果，而且比为自己争辩还要有趣得多。

如果你总是害怕向别人承认自己曾经犯错，那么，请接受以下这些建议。

假若你必须向别人交代，与其替自己找借口逃避责难，不如勇于认错，在别人没有机会把你的错到处宣扬之前，对自己的行为负起一切责任。

如果你在工作上出了错，要立即向领导汇报自己的失误，这样当然有可能会被大骂一顿。可是上司却会认为你是一个诚实的人，将来也许对你更加倚重，你所得到的可能比你失去的还多。

如果你所犯的错误可能会影响其他同事的工作成绩或进度时，无论同事是否已发现这些不利影响，都要赶在同事找你"兴师问罪"之前主动向他道歉、解释。千万不要自我辩护，推卸责任，否则只会火上浇油，令对方更感愤怒。

每个人都会犯错误，尤其是当你精神不佳、工作过重、承受太沉重的生活压力时。偶尔不小心犯错是很普通的事情，关键是犯错后要用正确的态度对待它。犯错误不算什么罪大难饶的事，"有则改之，无则加勉"，只有放下了面子，不再固守所谓的自尊，人才能坦诚地面对自己、面对别人。

170

九、给心情放个假

没见过一个发条永远上得十足的表会走得长久；没见过一个马力经常加到极限

的车会用得长久；没见过一个绷得过紧的琴弦不易断；也没见过一个心情日夜紧张的人不易病。所以善用表的人永不把发条上得过足；善驶车的人永不把车开得过快；善操琴的人永不把琴弦绷得过紧；善养生的人永不使心情日夜紧张。

第二次世界大战时，丘吉尔新到北非蒙哥马利行辕去闲谈时，蒙说："我不喝酒，不抽烟，晚上十点钟准时睡觉，所以我现在还是百分之百的健康。"邱却说："我刚巧跟你相反，既抽烟，又喝酒，而且从不准时睡觉，但我现在却百分之二百的健康。"很多人都引为怪事，以丘吉尔这样一位身负两次大战重任，工作繁忙紧张的政治家，生活这样没有规律，何以寿登大耄，而且还百分之二百的健康呢？

其实只要稍加留意就可知道，他健康的关键，全在有恒的锻炼，轻松的心情。其既抽烟，又喝酒，且不准时睡觉则不足为训。你没见他在战事最紧张的周末还去游泳吗？没见他在选举战白热化的时候还去垂钓吗？没见他刚一下台就去画画吗？没见他那微皱起的嘴边上，斜插着一支雪茄的轻松心情吗？

使心情轻松的第一要素是"知止"。"知止"于是心定，定而后能静，静而后能安。静而且安，心情还有什么不轻松的呢？

使心情轻松的第二要素是"谋定后动"。做任何事情，要先有个周密的安排，安排既定，然后按部就班地去做，才能应付自如，就不会既忙且乱了。在这瞬息万变的社会里，当然免不了也会有偶发事件，此时更要沉住气，详细安排。事事都能谋定而后动，就一定像谢安那样在淝水之战最紧张时还能闲情逸致地下棋了。

使心情轻松的第三要素是不做不胜任的事。《史记》的《酷吏列传》里有"胜任愉快"一说，合理至切。假如你身兼八职，顾此失彼；或用非所长、心余力绌，心情又怎能轻松呢？

使心情轻松的第四要素是"拿得起，放得下"。对任何事都不可一天24小时都念念不忘，寝于斯，食于斯。否则，不仅于身有害，而且于事无补。

使心情轻松的第五要素是在轻松的心情下工作。工作虽然紧张，但心情须轻松。在你肩负重担的时候，千万记住要哼几句轻松的歌曲。在你写文章写累了的时候，不妨高歌一曲。要知道心情越紧张，工作越做不好。

一个口吃的人，在他悠闲自在地唱歌时，绝不会口吃；一个上台演讲就脸红的人，在他与爱人谈心时一定会娓娓动听。要想身体好，工作好，就一定要在轻松的心情下工作。

使心情轻松的第六要素是多留出一些富余的时间。好多使我们心情紧张的事，都因为时间短促，怕耽误事。若每一件事都多打出些时间来，就会不慌不忙，从容不迫了。最好的办法就是把自己的表拨快一定的时间。时时刻刻用这个表的时间提醒自己，如此则既不误事，又可轻松。

很多医学家都告诉我们在轻松的心情下吃东西容易消化；在紧张的心情下吃东西容易得胃病。一个心情经常轻松的人沾枕头就睡着；一个心情经常紧张的人容易失眠；一个永远从容不迫的人准能长寿；一个紧锁眉头经常紧张的人定会早亡。给心情放个假，你便会时时感到快乐，无忧无虑。

十、为小事生气，不值得

社会中的每个人都希望能够被别人重视、被别人尊重、受人欢迎，然而在很多时候就会难免被别人嘲弄、受别人侮辱、被人排挤，生活给了我们快乐的同时，也给了我们伤痛的体验。其实这就是生活，这就是我们所要面对的人生。有的人能够很坦然地面对一切，并快乐地生活着；有的人却成天为了那么一丁点儿的小事火上心头，或者悲观丧气，怨天尤人。

其实，在很多时候都是我们自己太过于小肚鸡肠，斤斤计较那些虚无的名利，而把所有的责任推到别人的身上所造成的，我们为什么不想想如果我们自己足够优秀，别人还会对你冷嘲热讽吗？因此，让自己快乐的最好办法就是自己争气，去做得更好，在人格上、知识上、智慧上、在实力上使自己加倍成长，变得更加强大，使许多问题迎刃而解。此所谓生气不如争气。

不要动不动为一点儿小事而生气，不妨常常微笑，从而让自己平淡的生活中充满欢声笑语，这样你的心情就会感到无比的快乐。

"己欲立而立人，己欲达而达人；己所不欲，勿施于人。"人一生有无数件鸡毛蒜皮的小事，经常为这样的小事而大伤脑筋，实在是耗费人生宝贵的时间与生命，请大家不要为小事生气。

曾经有这样一个富有喜剧性的传说：在日本的一个小镇上，住着一个聪明的人，他发明一种灯，这种灯是连在人的身体上的，只要人一生气，灯自动就会亮起来。这个发明被推广起来，许多人便开始使用它，到了晚上自己一生气，灯也就开始亮了，这样就可以照明了，从而为自己家里省了不少电费。

到了后来，有人发现，很多人生气，电量很大，可以带动空调啊，冰箱啊等家用电器。于是，开会的时候，每个人都很生气，这样，空调带动起来了，多么节省啊。

再后来，更多的人生气，可以带动大型发电机，这里连发电厂都不用开了，还由专门生气的人，负责供电。于是镇上用电基本上是免费的，环保的。

有一天，一个外地人，路过了这个小镇，他忽然间发现这里的人，都在生气，竟然找不到一个笑脸。当人们把生气当作一种习惯时候，笑容也就自然消失了。

看了上面的这个故事，我们就可以懂得当我们生气的时候，必须要转换一个念头，生气是拿别人的错误惩罚自己。因此我们一定要做到保持自己内心的自然，不要为小事情而生气。

有一位名叫罗勃·摩尔的美国青年讲述了这样一则故事：在1945年3月，他在中南半岛附近276英尺深的海下潜水艇里，学到了一生中最重要的一课。

当时他们从雷达上发现一支日军舰队朝他们开来，他们发射了几枚鱼雷，但没有击中任何一艘舰只。这个时候，日军发现了他们，一艘布雷舰直朝他们开来。3分钟后，天崩地裂，6枚深水炸弹在四周炸开，把他们直压到海底276英尺深的地方。深水炸弹不停地投下，整整持续了15个小时。其中，有十几枚炸弹就在离他们50英尺左右的地方爆炸。真危险呀！倘若再近一点儿的话，潜艇就会炸出一个洞来。

他们奉命静躺在自己的床上，保持镇定。他吓得不知如何呼吸，他不停地对自己说：这下死定了……潜水艇内的温度超过40℃，可是他却怕得全身发冷，一阵阵冒虚汗。15个小时后,攻击停止了,显然是那艘布雷舰在用光了所有的炸弹后开走了。

这15个小时, 他感觉好像有1500万年。他过去的生活一一浮现在眼前, 那些曾经让他烦忧过的无聊小事更是记得特别清晰——没钱买房子, 没钱买汽车, 没钱给妻子买好衣服, 还有为了点儿芝麻小事和妻子吵架, 还为额头上一个小疤发过愁……然而, 对于所有的这些令人发愁的小事, 在到了深水炸弹威胁生命的危难时刻, 顿时显得那么的荒谬, 那么的渺小。他对自己发誓, 如果他还有机会再看到太阳和星星的话, 他永远不会再为这些小事忧愁了!

这是一个经过大灾大难才悟出的人生箴言!

在科罗拉多州地区一个叫作长山的山坡顶上面, 躺着一棵大树的残躯。根据自然学家推断, 它有400多年的历史。在它如此漫长的生命当中, 曾被闪电击中过14次之多, 每一次它都轻而易举地战胜了。然而到了最后, 一小队甲虫的攻击却使得它永远地倒在了地上。

那些甲虫从根部一个劲地向里面咬, 渐渐伤了树的元气, 虽然它们看起来非常小, 却是持续不断地攻击。如此一棵森林中的巨木, 岁月不曾使它枯萎, 闪电也不曾将它击倒, 狂风暴雨不曾将它动摇, 却因一小队用大拇指和食指就能够捏死的小甲虫, 终于使它倒了下来。

对于我们其实不就像森林中的那棵身经百战的大树吗?我们也曾经历过生命中无数次的狂风暴雨和一次次闪电的袭击, 到了最后也都撑过来了, 然而却总是让忧虑的小甲虫们所咬噬——对于那些仅用大拇指和食指就能够捏死的小甲虫。

在社交活动中, 人们都愿意和性格豪爽的人交往。在社交场合, 除非是原则问题, 不会争得面红耳赤。一般来说, 不要为一些鸡毛蒜皮的小事而生气, 勃然大怒, 甚至到最后要翻脸的地步, 要表现出有气量, 有涵养。俗话说得好: "气大伤身。"发怒者会伤身, 对自己的形象也有不良的影响。动不动就生气的人, 就会很容易由此而失去很多朋友。

如果有人惹怒了你, 你很想发脾气, 那么就请控制住你自己。同时你可以尝试一下散步、数数、深呼吸等一些活动, 这样就非常有可能平息你的怒火, 从而避免争执。

如果是你自身错误的话，就需要马上给对方道歉；如果是他人的原因，那么就应当向他人解释一下，然后走开，避免不必要的对抗情绪。

不要为一些琐碎的小事而生气，例如耽搁了火车，遇上了傲慢的服务员或粗鲁生硬的售货员等。如果你经常为这些小事而动怒，那么在大多数的情况下，你就什么事都干不成。

凡是一个在大事上有所成就的人，一般来说都不太注重小节；一个在大事上毫无成就的人，必然会对小节格外关注，以致成为自己做事的一种习惯。

因此，对于做大事业的人不要为一些小事情而烦恼，做小事的人也不要为大事而烦恼；为小事烦恼的人成不了大事，为大事烦恼的人最终将会顾不了小事。

如果你连最简单的事情都无法完成的话，那么就不要去奢望处理一些更为复杂的事；如果你连这样的小事情也做不成，那么就不要去奢望做大事。

在小事情上纠缠不休，就会很容易耽误大事；在大事上全力以赴，就应该抛开小事。

人的一生十分的短暂，我们千万要记住不要去浪费宝贵的时间，不去为一些不足挂齿的小事而烦恼。

十一、放弃无所谓的执着

对生活执着，是一种坚定的信念；对工作执着，是一种精神的寄托；对爱情执着，是一种人生中的美丽！可是如果在应该放手的时候不放手的话，就会使自己不堪重负而活得很累，甚至还很有可能会走向反面。而实际上，由于很多东西都是可以放下的，只有放得下，才能拿得起。在很多时候要舍得，只有舍去，才能得到。在这个世界上，当快乐之门关上的时候，那么自然就会有另一道门为你打开，因此，我们不论是做人也好，做事情也好都不要太执着，要学会放手，仔细地感觉，你就会慢慢品味到那悲那喜，那得那失，那际遇，那结局，是那么丰富多彩，让人回味无穷，叫人流连忘返，会感觉到上天赐予每个人的是一种怎样似曾相识的命运！

一个人怕孤单，两个人怕辜负！在一起的时间长了，自然而然就会有一种再熟悉不过的感觉，就像自己跟自己在一起，那种感觉已经不再新鲜，不再好奇，甚至还有那么一种无奈的感觉吧！在有些时候还会有几许的冷漠，几许的淡然！外面的世界是那么的大那么的美，生活之中到处充满了诱惑与变数，人生当中已经有太多太多的无奈与失望，也曾想让那些所有烦恼随风而去，就这样挥一挥衣袖，什么也不会留下，什么也带不走一样！

在这个世界上生命对于每个人却只有一次。也许人活着应该像小河里的溪水，虽然平静无波，却有它顽强的生命力和战斗力。它能够经受暴风骤雨的侵袭，也可以坦然面对夏日骄阳的炙烤。它从来就不在乎世界怎么变化。记得有一本书曾经这样诠释生命：生命就是平静中包含很多的活动和变化。人活着要有信念，但不要太迷恋、太执着。有时不妨顺其自然，对生命中的意外和阻挠不必过于强求，也许能够阻止住自己生命的脚步过快地到达终点。

在这个世界根本就没有永远的激情，人的一生也就像花开花落，周而复始，没有什么花是永远也不会凋谢的，而且也没有永远不变的情！真爱一个人，不一定要时时拥有；真正的爱情，也不一定会天长地久！爱一只鸟，给它飞翔的自由，给它唱歌的自由，给它品尝风风雨雨的自由，给它享受在蓝天上飞翔的自由；爱一个人，给他爱的自由，给他不爱的自由，给他选择的自由，给他拒绝的自由。给爱你的人自由，也就是给你自己一份快乐的自由。

一位婚姻出现危机的女儿不甘心十几年以来的感情就这么轻易地付之东流，而向母亲诉起了苦。母亲此时让女儿抓起一把沙子，并紧紧地握住。再摊开手时，手中的沙子已从拳眼里落得剩下了一小半，而平摊在母亲手中的沙子，却颗粒未少。母亲捧着手中的这把沙子说道："感情就如同这沙子是一样的，你把它握得越紧，抓得越牢，它就会溜得越快。"

女儿听了母亲的这番话之后，顿时心领神会。

给你正能量

上帝给我们十只手指，我们不仅要学会抓紧它，同时在很多时候也要试着松开。很多时候，我们必须要学会放弃一些东西。

路德·金放弃了开始做牧师理想，而最后成了美国黑人民权运动的著名领袖；鲁迅放弃了学医之路，而成为一代文学巨匠；比尔·盖茨放弃了属于自己的哈佛大学，却创建了微软天地。

我们大家都在鼓励当中执着地前进着，然而更主张放弃。放弃满腹的仇恨，你将会得到满目的鸟语花香，一派灿烂；放弃无法挽回的事实，你得到的是峰回路转的另一番美丽的风景。这是乐观者的洞明事理。

如果虫蛹依恋自己安全的茧，那么它将失去幻化为蝴蝶的美好机会；如果小壁虎危难时吝惜一条尾巴，它失去的将是整条生命；如果勾践不抛下自尊，他失去的将是一片江山。放弃是为了更好地选择，更好地得到，更好地把握。

当我们在直面忍痛割爱的时候，放弃需要的是一种闻情不喜、别离不伤、受宠不惊的至高精神与一种能够承受割舍的决心。对于那些敢于放弃的人，才是真正能够跨越生命、驾驭人生的人。

不论做什么事情只要尽心，问心无愧就好。太执着了，反而令自己非常的受累，甚至可能会使自己受到极大的伤害。

对于那些太执着的人，整天只会一味地想着去得到一些东西，想去拥有。却不明白，有时放弃，放开自己的手，是对自己的一种宽容，对生活的一种顿悟。

不管是对感情也好，对生活也好。太执着了，一定会变得太计较得失，太在意结局。放弃骄傲的执着，听上去很无奈，很没志气，但那样似乎可以活得开心些，自在些。

执着，说的不好听一点儿，根本就是顽固不化，根本就是死钻牛角尖。

朋友，让我们学会放弃，在放弃中辉煌我们的人生吧。

第九章　对待别人，慷慨而大度

一、心胸开阔，天地自然宽

将军额上能跑马，宰相肚里能撑船。

——王安石

法国作家雨果说过：世界上最宽阔的是海洋，比海洋更宽阔的是天空，比天空更宽阔的是人的胸怀。佛界也有一副名联说："大肚能容，容天下难容之事；开怀一笑，笑世界可笑之人"。古人还说："海纳百川，有容乃大；壁立千仞，无欲则刚。"这些话强调的都是为人处事要豁达大度，发生冲突时要怀抱开放之心态，宽以待人。是的，一个人如果真的拥有了比海洋和天空还要宽阔的胸怀，那他无论遇到什么难题，都会想得通，都会正确地去对待和处理。以宽宏大度的态度去对待别人，是一种美德、一种风度、一种仁爱无私的境界。人生之路需要宽以待人，成功之路更需宽以待人。

从古到今，凡是成功的人士，他们都是胸怀大志、目光高远的仁人志士，无不是开放为怀、置区区小利而不顾，因为他们都知道一个道理：宽厚待人，容纳非议，乃事业成功、家庭幸福美满之道。长期存抱怨情绪，只会使自己偏离前进的方向。

178

莎士比亚说："不要因为你的对手而燃起一把怒火，炽热会烧伤你自己。"那些鼠肚鸡肠，竟小争微，对片言只语也耿耿于怀的人，没有一个是成就大事业的人，没有一个是有出息的人。所以，一个人要想在社会上立足，想干出自己的一番事业，就必须有大海一样的胸怀。心胸开阔天地宽，只要你能放开一切，就没有做不成的事情。

不是我们的烦恼太多，而是我们胸怀不够开阔。无论是在你的工作还是在你的生活之中，你都可以听到这样的声音：我工作那么努力，老板却给我那么少的奖金；我为她付出了那么多，她怎么就不知道回报我一点呢；小王昨天说的那句话，是针对我的吗？我有什么地方对不住他吗？……诸如此类的话，也许我们也曾经说过。生活中，有很多这样的人，他们总是抱怨自己过得不好，不如别人幸福，因此，他们总是处于一种不开心的状态。其实，世界上幸福的人，不是拥有的太多，而是计较的很少。不是你的烦恼太多，而是你的胸怀不够开阔。敞开你的胸怀，你会发现，原来世界这么的美好！

一个人只有包容才能不断壮大，才能吐故纳新，生生不息。关于人的胸怀，有这么一个故事：

在印度有一位著名的哲学大师，在他的众多弟子中，有一个弟子经常牢骚满腹，怨天尤人，不是抱怨别人对他不好，就是抱怨饭菜不合口味。哲学大师为了开导这个鼠肚鸡肠、心胸狭窄的弟子，就叫他到市场中去买盐。盐买回之后，大师吩咐这个每天都不快活的弟子抓一把盐放在一杯水中，然后喝了。"味道如何？"大师问。这位弟子皱着眉头说："咸得发苦。"大师又叫他抓一把放在缸中，再叫他尝尝味道，弟子说："有一点点咸。"大师又吩咐年轻人把剩下的盐都撒进附近的湖里，然后又叫这位弟子去尝，这个年轻人捧了一口湖水尝了尝，大师问道："什么味道？""好像一点儿咸味也没有。"弟子答道。哲学大师趁机教导这位弟子说："一个人生活中的不快和痛苦，就像这盐的咸味。我们所能感觉和体验的程度取决于我们将它放在多大的容器里，所以，当你处于痛苦时，请开阔你的胸怀。"

是的，你的胸怀就是你生活中的容器。当你感觉命运对你不公的时候，当你慨叹世态炎凉的时候，当你对生活感到不尽如人意的时候，当你工作中感到烦恼不顺的时候，你就要不断地放开自己的胸怀。在宽广的胸怀里，一切不快和痛苦都显得那么微不足道；在宽广的胸怀里，你将会活得很快乐，过得很幸福。

179

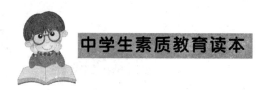

二、让他三尺又何妨

在日常生活中，人与人之间难免会出现一些不愉快的事情，在这种情况下，放开胸怀，学会宽容，你就会赢得一个良好的人际环境，赢得别人的尊重。宽广的胸怀，如一条清澈的河，能平息、化解人们心头的火；宽广的胸怀，就像柔和的风，能吹走人们心头浮动的阴云；更像万里晴空中的阳光，能融化封冻在心里的那条误会的冰河。"人非圣贤，孰能无过"。因此，不要对别人的过错耿耿于怀，念念不忘，何况你也有犯错误的时候，难道就不想争取别人的原谅吗？

在安徽的桐城有个"六尺巷"，远近闻名。据《桐城县志略》记载：大清康熙年间，文华殿大学士、礼部尚书张英世居桐城，其府第与吴宅为邻。一次家人修建房子，因地基与邻居发生争执，家人为此修书信告知张英，想通过他在朝中做官这一特权优势，得到地方官员的庇护，打赢这场官司。张英阅信后坦然一笑，挥笔写了一封信，并附诗一首：千里修书只为墙，让他三尺有何妨？万里长城今犹在，不见当年秦始皇。家人接信后按其吩咐，主动让出三尺宅基地，而邻居吴氏也深受感动，退地三尺建宅置院。于是两家的院墙之间有一条宽六尺的巷子，名谓"六尺巷"。两家礼让之举也被传为美谈。

这个化干戈为玉帛的故事流传至今。为利益争吵不休，可能导致无路可行，巷宽仅六尺，心路之宽却无可量计。但是，现实生活中，多数人会为了一点小事而互相谩骂，甚至反目成仇、对簿公堂。如果他们对对方能多一点宽容，就不会针尖对麦芒，一场"战争"或许就能被化解，人与人之间就能和谐相处。人们常说："唯宽可以容人，唯厚可以载物。"在为人处世的过程中，只有心胸宽广，才会宽容别人；也只有宽广的胸怀，才能接纳和容忍别人。当你和别人发生矛盾时，你不妨对自己说：让他三尺又何妨？

容量大则福大，以宽大的胸怀包容对方，往往是后福无穷。能真正懂得礼让的人，人生的道路会越走越宽、越走越广。

三、独乐乐不如众乐乐

人生活在这个世界上，无时无刻不在与他人共同分享着。分享太阳温暖的光芒，分享星星闪烁的光辉，分享鲜花芬芳的味道，分享四季的变化和秋天的果实，分享音乐的悠扬和山河壮美，分享理想的浪漫和现实的丰富……要分享及能分享的实在是太多太多了。分享是快乐的，学会分享，你就能进入快乐城堡；独享却是痛苦的，独享只会让你进入痛苦的泥潭。

与人分享，不仅能丰富你的人生，还会让你向世界打开一道道门、一扇扇窗。当你主动把自己的东西与人分享时，就会让生活中的痛苦全部溜走，让阳光洒满每个人的心灵。

在一个村庄里，一个果农经过长时间地研究培植了一种皮薄、肉厚、汁甜而少虫害的新果子，为此吸引了不少果贩子前来购买，这为他增加了不少收入。村里的人们看到他的新品种卖得很好，就想借他的种子来种，可被果农拒绝了。果农想：所谓物以稀为贵，如果大家都种这种果子，那定会影响自己的生意，那肯定不合算。到了第二年，果农发现自己果子的质量大不如往年，很多人都不再买他的果子，果农查找了所有的种植环节，但都找不到原因，只好去咨询专家。专家到他的果园调查后对果农说："你种植的环节都没有问题，但如果你想让果子达到原来的效果，就必须在附近地区都种这种产品。"果农迷惑地看着专家，专家又说："由于附近种的是果子的旧品种，而只有你的是改良品种，在开花授粉时，新品种和旧品种一杂交，你的果子自然就变质了。"果农听了恍然大悟，于是把自己的新品种分发给乡邻，大家都有了好收成，不仅自己获得了财富，也帮助别人获得了财富，个个都喜笑颜开。

人们常说，"施恩于人共分享""予人玫瑰，手留余香"。早在几千年前，孟

181

子问梁惠王："独乐乐，与人乐乐，孰乐？"梁惠王答："不若与人。"孟子又问："与少乐乐，与众乐乐，孰乐？"梁惠王答："不若与众。"很多人在小的时候，如果自己有一个好的玩具或是一本好看的小人书，都会迫不及待地拿出来，与周围的小朋友们共同分享，但长大后的人们却忘了"独乐不如众乐"的大道理。

酒的美味再好，一个人独享终将是乏味的，只有与人分享，才能让其美味留香于口。与人分享，是一种境界，更是一种智慧。与人分享自己的成功经验，会让更多的人成功；分享一项科学发明，会蓬勃一个行业；分享一种新锐的思想，会增加一代人的智慧；分享爱，分享劳动，分享喜悦乃至分享痛苦，在与人方便时，你的物质财富、你的经验、你的思想，在分享中都能得以深化、升华。

有一位年轻的编辑，很有才华，他写的文章很受读者的喜欢，与同事间的关系也很融洽，刚进杂志社的第一年他就得了大奖。但他慢慢地发现，社里的同事，不管是上司还是前辈，都总是有意无意地针对他，他为此很苦恼。他找到一位前辈，想从他那里得到答案。原来，这位年轻人作品的获奖，虽然他的贡献最大，但也有很多同事的参与和帮助，在他获奖后，除了上级机关颁发的奖金之外，上司也给了他一个红包，还在公司里当众表扬了他。但他却没有感谢上司和同事的帮助，而是将所有的功劳归于自己，独享荣誉。人们可能都不会在乎分你多少奖金，他们在乎的是你不该贪天下之功为己有，不懂得与人分享。

聪明的人懂得借与他人分享好东西之机，拉近自己与他人间的关系，赢得尊重，为以后更广阔的交际打下基础，而愚蠢的人，往往在独享功劳、独享荣誉、独享快乐的时候，给自己带来想不到的麻烦。

人们常说："把一个人的幸福给多人分享，就变成了多个幸福。"著名科学家诺贝尔在读小学的时候，成绩总是班上的第二名，而第一名总是被一个叫柏济的同学占着。一次，柏济由于生了一场大病无法上学而请了长假。诺贝尔的朋友高兴地对他说："柏济生病了，以后的第一名就非你莫属了！"但诺贝尔并没有因此而沾沾自喜，他将自己作的笔记寄给因病没来上学的柏济。到了期末考试，柏济的成绩还是第一名，诺贝尔则依旧名列第二。

诺贝尔长大之后，成了一个卓越的化学家，因发明了火药而成为巨富。他死后把所有的财产全部捐出，并设立了知名的"诺贝尔奖"。正是由于他懂得把自己的成功与世人分享，不仅使他创造了伟大的事业，也使后人对他永远怀念与追思。

古人说："独乐乐，不如众乐乐"。懂得分享的人必有豁达的心胸、坦诚的态度和高深的智慧与策略，只有那些虚伪奸诈的人才不会分享，因为对利益的索取使他鼠目寸光；谨小慎微的人不懂得分享，对世界的疑虑和恐惧淹没了他的好奇；狂妄自负的人不屑于分享，愚蠢的优越感蒙蔽了他的双眼……当我们乐意和他人分享我们所拥有的知识和快乐时，不但不会有损失，反而会收获更大的喜悦和满足。学会与别人分享成长、成功与财富，自己也一定会成为快乐、幸福、成功和富有的人。只有真正懂得与人分享的人，才懂得人生的真谛。

四、不做吝啬的铁公鸡

吝啬的人，被人们戏称为"铁公鸡"，吝啬是人性弱点的集中体现。吝啬者必有贪念，这种人的思想往往是一个单向系统，只会想着自己的索取，从来不懂得什么叫作付出。法国批判现实主义文学大师巴尔扎克在他的名著《欧也妮·葛朗台》中塑造了一个典型的吝啬鬼形象——葛朗台，让我们看到了一个活生生的守财奴的悲惨生活。

那么，在生活中我们应该怎样对待金钱才能获得幸福呢？在一贫如洗和暴富两个极端中间，什么才是正确的态度？虽然对此从来没有一个具体明确的规定，但是一些基本的准则是不能忘记的。吝啬是幸福人生路上的大敌，幸福的生活离不开慷慨地分享，你对别人大度别人才会还以真诚。如果你追求财富是为了买安全感和转作储蓄，你会发现你周围的人也是一样，你们都带着假面具见人，拳头握紧，眼中充满敌意，你们的共同点就是猜忌和怀疑。但如果你累积财富是为了和大家分享，那么，你将会发现大多数人也如你一样，你获得的将会更多，离幸福生活才能更近。

183

蒙牛集团的董事长牛根生有一句名言："从无到有是很快乐的，但最大的快乐是从有到无。死在巨富的行列里是一件可耻的事，人生最快乐的时候是你散钱的时候。"

牛根生的"散财"，在企业界是出了名的。当初牛根生离开伊利后，能在很短的时间内筹集到成立蒙牛的资金，能吸到如此众多的人才，不是靠一时的幸运，这都得益于他自身的个人魅力。

牛根生之所以有这样的号召力，这与牛根生的"散财"有着直接的联系：在伊利工作期间，因为业绩突出，年底公司分配给他个人一笔奖金，他竟然将其全部分给了下属。还有一年，公司给他拨款一百多万元，让他买高级轿车。结果，他买了5辆面包车，因为他下属的几个部门都需要交通工具。这种慷慨，成为他创业得以成功的关键因素。

在牛根生决定创业的时候，缺少资金的支持，他的很多老同事、朋友听说后，主动把钱凑了起来，资金问题轻而易举地就解决了。蒙牛企业成立也只有六七年的时间，但是在牛根生"小胜凭智，大胜靠德""财聚人散，财散人聚"的经营哲学下，3年内销售额增长了50倍，在全国乳制品企业中的排名由第1116位上升至第4位，成为行业的龙头。

2004年6月，蒙牛集团在香港主板成功挂牌上市，共发行3.5亿股。当时香港主板市场市道低迷，蒙牛却跑赢大市，激活了一度低迷的香港股市。按照《福布斯》的排名，当时牛根生身价1.35亿美元，居于中国富豪排行榜107位。让人大跌眼镜的是，就在外界对牛根生的"财富"议论纷纷的时候，2005年1月12日，"散财大师"牛根生又做出了一个更加惊人的决定：捐出个人拥有的全部蒙牛股份10亿人民币，成立老牛基金会，支持蒙牛百年发展，而且决定在自己去世之后，股份全部捐给"老牛基金会"，家人只可领取不低于北京、上海、广州三地平均工资的月生活费。

牛根生提到自己的这些"散财"行动时表示，自己坚守"财散人聚，财聚人散"的哲学，"舍得，舍得，舍了就有得。如果你有一个亿放在家里，迟早会被人偷，但如果放在朋友家里，一人一块钱，绝对丢不了"。"没有过去的散财，也不可能在那么短的时间里聚集到三四百有 15 年以上工作经验的乳业专门人才，也不可能取得了现在的成绩"。牛根生据此来印证自己散财的善报。

待人慷慨就等于待自己慷慨，成功的商人大多都很大度。据说，李嘉诚给下属定了个"规矩"，与客户谈生意只许赚百分之十的利润，而让对方赚百分之九十。他说，让利给客户，人家才愿意和你打交道，你谈成 10 个生意就赚了百分之百，还是赚了大钱。这就是李嘉诚成功的秘诀。

两个商界的传奇人物，以他们的经历告诉了人们这个道理：吝啬是成功的大敌。对待金钱，不能做一毛不拔的铁公鸡，经济学中有个名词叫"投入产出"，做人亦如此。不付出怎么能得到回报呢？要知道，吝啬鬼、守财奴是永远发不了财的，因为他们每天都沉浸在那些仨瓜俩枣小利的算计中，结果反而会因小失大。中国历史上的陶朱公（范蠡），一生三次迁徙，最后到陶。每到一地他都凭智慧赚钱，曾三掷千金，他赚钱的"秘诀"是散财，他赚到的钱财皆用来资助亲友乡邻，可谓是"千金散尽还复来"。

当然，慷慨不等同于"大花筒"，不是去乱花钱。当我们生活无忧时，我们应该慷慨地去救助一些需要帮助的人。你会发现你付出了金钱，但却换来了一些金钱买不到的东西，得到了心灵上的满足。生活中，与人相处大气一点儿，舍弃一点儿私利，处处想着他人，这是一种美德，能让你结下良好的人缘，为你今后的发展营造了"人气"环境。

五、摈弃猜疑，迎来友谊

疑心病是友谊的毒药。

——培根

现实生活中，很多人存在着猜疑、不信任他人的不良心态。猜疑是人性的弱点

185

之一，历来是害人害己的祸根，是卑鄙灵魂的伙伴。一个人一旦掉进猜疑的陷阱里，就会处处神经过敏，事事捕风捉影，对他人失去信任，对自己同样心生疑窦，不仅损害正常的人际关系，还损害自己的身心健康。

有这样一个故事：

有一个人，丢失了一把斧子，他怀疑是他的邻居偷了。他留心观察，觉得邻居走路、说话、神态都像是偷了他的斧子，他肯定邻居就是小偷。不久，他在自家地里找到了斧子，再观察邻居，觉得他说话、走路、神态竟全然没了小偷的样子。为什么这个丢斧者会对同一个人做出前后两种截然不同的判断呢？这足以说明猜疑是一种主观的想象和推测，它不是以客观事实为依据的。喜欢猜疑的人通常有以下几个特征。

一是没有健康的心理。别人善意的、正常的言行他们常常会歪曲地去理解。例如别人赞扬他，他会怀疑是在挖苦、讥讽他；别人批评他，他会认为是攻击他；别人不理他，他怀疑别人是在孤立他。过度猜疑使其心胸狭窄，无法容纳别人对他的正确评价。

二是想法过于主观。他们总是戴着"有色眼镜"去观察人，用别人的举动来验证而不是修正自己的看法，因而常常歪曲事实，对别人产生怀疑。

三是缺乏自信。他们总要以别人的评价来作为衡量自己言行的是非标准，很在乎别人的说长道短。当别人的态度不够明朗时，他就要从不利于自己的方面去猜疑、怀疑，自寻烦恼。

喜欢听信流言，不做调查分析，从而产生疑虑。任何时候，猜疑都是人际关系的大敌。它会破坏朋友间的友谊，疏远同学间的关系，无端地挑起同学和朋友间的矛盾纠纷，也很影响自己的情绪。生活在猜疑中的人，总是郁郁寡欢，缺少内心的宁静。如《红楼梦》中的林黛玉就是个疑心病很重的人。本来她的身体就弱，再加上常常在猜疑中度日，使自己情绪沮丧，常暗自垂泪，结果是身心俱损，早年夭折。

日常生活中，常会遇到一些疑心很重的人，他们整天疑心重重、无中生有，认为人人都不可信、不可交。如看见几个人背着他讲话，就怀疑是在讲他的坏话；别人对他态度冷淡一些，又会觉得别人对自己有了看法等，他们总觉得别人在背后说自己坏话，或给自己使坏。喜欢猜疑的人总是特别留心外界和别人对自己的态度，有时别人脱口而出的一句话他也会琢磨半天，努力发现其中的"潜台词"，这样的心态使他不能轻松自然地与人交往，久而久之不仅自己心情不好，也影响人际关系。自古以来，不知有多少人因为猜疑疏远了朋友，中断了友谊，甚至断送江山。猜疑不仅害己还殃人。

《三国演义》中有这样一段描写：曹操刺杀董卓败露后，与陈宫一起逃至吕伯奢家。曹吕两家是世交。吕伯奢一见曹操到来，本想杀一头猪款待他，可是曹操因听到磨刀之声，又听说要"缚而杀之"，便大起疑心，以为要杀自己，于是不问青红皂白，拔剑误杀无辜。

由猜疑导致的悲剧数不胜数。只有摒弃它，才能获得朋友，才能迎来友好的人际关系。那么，如何才能摒弃它呢？

喜欢猜疑的人，首先要开阔自己的心胸，加强自身的修养，培养开朗、豁达、大度的性格。需要澄清的事实，诚恳同别人交换意见；对待鸡毛蒜皮的小事，就不要计较。不必在乎别人的态度与说法，"未做亏心事，不怕鬼敲门。""走自己的路，任别人去说吧！"。这些话都是鼓励人们要心胸坦荡、豁达开朗的。人的一生，受他人的议论是在所难免的，只要时时检点自己的行为，相信别人也不会跟自己过不去。相反，如果一切都要按别人的意志去做，自己又该怎么个活法？对似是而非的流言，不要偏听偏信，要用理智分析对待，静观事情的变化，不能感情用事。有些人一听到流言，就暴跳如雷，说风就是雨，迫不及待地找上门去争辩。最终却因为缺乏调查研究，很有可能找错了说理对象，反倒使自己陷入尴尬被动的局面。

过度的猜疑是自己折磨自己，"杯弓蛇影"的典故就是很好的例证。弓影投映在盛酒的杯中，好像小蛇在游动，饮者以为真的把"蛇"吞下去了，于是越想越恶心，结果害得自己重病一场。这就是所谓的天下本无事，庸人自扰之。一个人如果疑心太重，到头来只有自讨苦吃。

六、为人不可太刻薄

如果你对别人刻薄，那么别人必将以牙还牙。所以，一个心胸狭窄、没有度量的人，他的刻薄在伤害了别人的同时，也将伤害到自己。举例来说，当你受到别人的刻薄对待或歧视时，一定会觉得闷闷不乐。这时候，你应该调整自己的身心，恢复活力。关于这一点，不妨参考一个很有趣的例子。小李被人称为"失恋魔"，原来他经常坠入爱河，可惜每次都饱尝失恋的苦味，当朋友们问他何以在每次失恋之后，仍能恢复精神与活力时，他却回答说："其实没什么，我被人遗弃，当然有些心酸，不过，我也同样觉得对方很可恶，如此而已。"

老实说，人类的内心中存有一种自然的防御机能，那就是遭遇精神危机时，懂得保护自己的安全，"失恋魔"的情况正是一种投射反应。换句话说，自己内心的情感，在意识上认为对方的想法相同，这是心理上的逆用效果。从这个角度说，如果我们将对方的伤害久铭在心，那么反而会加重自己的不快，反之，则可以使内心的创伤很快恢复。

生活经验告诉我们，要消除对方的抵抗感，不妨塑造共同的敌人。有一段时间我们会发现平常感情恶劣得无以复加的姑嫂们，突然变得意气相投起来，而且经常为某事商讨得很热烈。原来，她们的反目都是由于隔壁太太在拨弄是非。当她们面对邻居这位长舌妇这一共同的敌人时，她们开始进入休战状态，而且毅然拆除内心的障碍，互相让步。

其实，不仅限于姑嫂间的问题，人类自古以来，常常由于共同敌人的出现，使得一向步调不一致的伙伴携手合作，甚至不相往来的双方也能变为同志，这种历史事实，比比皆是。在小孩子的天地里，经常打架的兄弟，如果突然出现另一个顽童，这对兄弟此时会采取联合抵抗的态度，这也许属于同一种例证。

如果将此项原理反过来运用，因为在意识上塑造了共同的敌人，彼此自然可以结为同志。我们可以利用此法来跟一个很难相处的人相处得很圆满。

同样，如果想接近一个无故被疏远的朋友，或对自己怀有抵抗感的人，不妨找出共同的敌人，培养同仇敌忾的情绪，这样可与对方培养前所未有的亲近感。

到目前为止，一般人都曾设法抑制各式各样的不安与烦恼、无奈，任何人都多少具有趋向他人志向的性格，正因为如此，才会心有所思而产生各种烦恼。上述方法确实能帮助我们消除对别人所产生的压迫感与自卑感，并设法发挥自己的能力。

七、不要伤害对方的自尊

最大的伤害莫过于无视对方的自尊。安东尼·罗宾指出，当朋友的友情或者某种合作的工作关系发展到难以维系的程度时，许多人会从心里冒出这样一个想法：管他呢，反正维持不下去了，即使自己做得过分一些也没关系。记住，此时你正处在一个犯有巨大过错的边缘。如果你的这些过火行为给对方留下了永久的伤害，那么即使合作或朋友关系彻底破裂，你仍然会遭受到可怕的后果。让我们看看一个例子：

黎克·杰姆逊在刚刚任某公司的董事长职位时，便根据自己在大学课程中所学的知识，认为自己必须做的第一件事便是解雇若干人员，以建立自己的权威。于是，他决定解雇莉莎。事实上，莉莎是该公司一位资深的高级主管，而且她并未犯下任何错误，唯一勉强可以称得上的理由，可能是由于莉莎近期即将与一位富有的律师结婚，要求请几天假。

由于面对这种不公平的处分，莉莎的丈夫决定提起上诉。但莉莎抱定了"多一事不如少一事"的想法，竭力阻止她的丈夫提出上诉。她这种息事宁人的态度，使得黎克越发相信自己的决定十分正确。然而，黎克这项不合理的做法却引起了公司内其他职员的愤慨，大家均视他为"暴君"，再也不对他寄予信任。

即使在多年以后，大家一致发觉黎克能力极高，且亦未曾再度表现任何不合理的行为，委实称得上是一位称职的董事长，然而，黎克仍然无法获得全体人员的衷心支持，因为大家心中都存有此种想法："到目前为止，他对我确实一向都很公平。但是，尽管我工作上表现出色，却不知什么时候会像莉莎一样，被冠上'莫须有'的罪名而遭他开除。"

由此可知，即使你与对方的交往关系面临结束，你采取的沟通方式仍足以造成长期的影响。

换句话说，你应采用如同长期人际关系的一切处理方式——一种共同商讨解决的方式。要记住，交际的关系可能结束，但由此造成的伤害却永远不会停止。

八、以别人的利益为先

安东尼·罗宾谈起华人首富李嘉诚时说："他有很多的哲学我非常喜欢。有一次，有人问李泽楷，他父亲教了他一些怎样成功赚钱的秘诀。李泽楷说赚钱的方法他父亲什么也没有教，只教了他做人处世的道理。李嘉诚这样跟李泽楷说，假如他和别人合作，他七分合理，八分也可以，那李家拿六分就可以了。"

也就是说：他让别人多赚两分。所以每个人都知道，和李嘉诚合作会赚到便宜，因此更多的人愿意和他合作。你想想看，虽然他只拿六分，但现在多了一百个人，他现在多拿多少分？假如拿八分的话，一百个会变成五个，结果是亏是赚可想而知。

在台湾省有一个建筑公司的老板，他的资产从一万变成一百亿台币。他是怎么创业成功的？他在别家做总经理的时候，对老板说，假如老板要成功的话，先希望他成功。他给老板看一则报道，这则报道就是报道的李嘉诚，然后在上面写着："七分合理，八分也可以，那我只拿六分。"同一套李嘉诚哲学，用在不同的人身上，也使他从一个小员工变为拥有 25 亿人民币的董事长。

所以，罗宾与任何人合作时，也用这样的思考模式，因此他的合作伙伴越来越多。比如，他在台湾刚开始演讲的时候说，"有一个经纪人，他有买房子还贷款的压力，而我没有什么压力，我换算后发现，给他的抽成不够，没有办法付贷款。为了帮他付清贷款，我给他额外的提成。我的另一个合伙人，他也有很多合伙人，他什么都不懂，我还得教，结果我和他对开分。为了帮助他消除他的生活压力，我愿意多牺牲二十个点"。

罗宾认为，天下没有卖不掉的产品，只有不会卖的人。假如今天所有的事情都只存在利益因素，或只要产品好就卖得出去的话，天下就不需要任何行销人员了。在任何产品的行销中，人是最大的差异。比如迈克，他是一家信封公司的老板。有一次，他去拜访一个顾客，那个经理一看他就说："迈克先生，你不要来了。我知道你很有名，也知道你很成功，很有钱，但我们公司绝对不可能和你下信封的订单，因为我们公司的老板和另一信封公司的老板有25年的深交，我们25年以前就和他合作，你也不用再来拜访我，因为有43家信封公司的老板曾连续拜访过我三年。所以，迈克先生我建议你不要浪费时间。"

但迈克先生没有放弃，他有的是办法，独特的方法就是永远先为别人的利益着想。有一次，他发现这家公司采购经理的儿子很喜欢打冰上曲棍球，他又知道他儿子的崇拜偶像是洛杉矶一个已退休的全世界最伟大的球星。后来，他发现这个经理的儿子出车祸住在医院，这时，迈克觉得机会来了。他去买了一根曲棍球杆让球星签名送给这个人的儿子。他来到医院，孩子的父亲还没有到医院，他的儿子问他是谁，他说他是迈克，是给他送礼物的。他问为什么给他送礼物？因为他知道他喜欢曲棍球，也崇拜这个球星，这是一根他亲自签名的曲棍球杆。不可思议，这个小孩兴奋得脚也不疼了，要下床来，这时迈克觉得他的工作完成了。

结果，他的父亲来医院发现他的儿子整个人都变了，本来垂头丧气，面无表情，现在好兴奋。他问儿子怎么回事，他说刚才有一个叫迈克的人送给他一根曲棍球杆，还有球星签名。

结果可想而知，这个采购经理和迈克签了400万美金的订单。信封是很便宜的东西，他竟下了这么大的订单。

显然，成功有不同的方法，有不同的思维模式。世界上没有卖不掉的产品，只有不会卖的人，关键看你会不会转变一下思想，先想想别人。

191

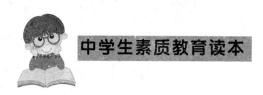

九、好汉要吃眼前亏

与人共事，要学吃亏。俗云：终身让畔，不失一段。

左宗棠

古人云："好汉不吃眼前亏"。好像只有这样，才能不丢失男子汉的气概，才能被人看得起，所谓"士可杀，不可辱"，大概就是这个道理了。在现实生活中，有时吃点儿小亏反而能占大便宜，所以不妨将这句话改为"好汉要吃眼前亏"。

"好汉要吃眼前亏"的目的，是以吃"眼前亏"来换取其他的利益，是为了生存和实现更远的目标。如果因为不吃眼前亏而蒙受巨大的损失，甚至把命都丢了，哪还谈得上未来和理想？

在人们的心目中，好汉的标准是要光明磊落、果断勇敢、敢作敢为，但在任何时候都会保护好自己的利益不受他人损害却有个度来衡量。如果因一时莽撞，逞血气之勇，认为"士可杀不可辱""忍不得一时之气"的话，结果会为一件微不足道的小事，而惹出意想不到的大事，吃了大亏，后悔都来不及。真正的好汉是不会那样做的。有时，吃点儿"眼前亏"，正是为了换取以后的"长远利益"，敢于吃眼前亏的好汉，并不是面对危害自己的一点儿利益就不顾性命的一介莽夫，他们是在以眼前小亏换取日后大益。但如果只为了一己私利而不吃眼前亏，违背道义，那又有什么理由称自己为好汉呢？只有敢于吃眼前亏和善于吃眼前亏的人，才是真正的好汉。

古人说："小不忍则乱大谋"。忍耐精神是一个人个性意志的表现，更是一个人处世的方法，学会忍耐，婉转退却，可以获得无穷的益处。有不少人一碰到"眼前亏"，就会为了所谓的"面子"和"尊严"，甚至为了所谓的"公理"和"正义"而与对方搏斗，有些人因此而一败涂地,命丧他乡！有些则获"惨胜"但是元气大伤！那时候你是否想过你到底是输还是赢？汉朝开国名将韩信是"好汉要吃眼前亏"的最佳典型,胯下之辱的典故世人皆知,如果他当时不受胯下之辱的话,恐怕要挨顿打,面对那些恶少们的有意刁难,即使不死也会丢掉半条命,如此,哪还有日后的统率全军,叱咤风云!他吃眼前亏为的就是保住有用之躯,留得青山在,不怕没柴烧!这是一种聪明之举,古语说得好:吃亏人常在世,贪小便宜寿命短。所以,当你碰到对你不利的环境时,千万别逞血气之勇,宁可吃吃眼前亏,对你也许有好处。

有一个装修器材的老板,他没有文化,也没有社会背景,但生意却是出奇地好,而且历经多年,长盛不衰。说起他的经营之道其实相当简单,就是他与每个合作者分利的时候,他都只拿小头,把大头让给对方。这样一来,凡是与他合作过一次的人,都愿意与他继续合作,而且还会介绍一些朋友,再扩大到朋友的朋友,结果许多人也都成了他的客户。人人都说他好,因为他只拿小头,但所有人的小头集中起来,就成了最大的大头,所以他才是真正的赢家。

在人际交往中,如果人们能舍弃某些蝇头微利,也将有助于塑造良好的自我形象,获得他人的好感,为自己赢得友谊和影响力。有句口头禅说得好:"大人不计小人过"。即遇事不要与人斤斤计较,应该把便宜、方便让给他人,这样你与他人之间的矛盾就会减少,人际关系也会融洽了,这才是君子风范,大人的处世之道。这就是吃小亏占大便宜。

吃亏并不是个褒义词,为什么还说要学会吃亏呢?做人要学会吃亏、甘于吃亏、善于吃亏,这并非是懦弱的表现,这在很大程度上是一个人品性、思想、行为的反映。一般人不肯吃亏,聪明人甘于吃亏,而只有比聪明人更聪明的人才乐于吃亏。让利于人、荣辱不惊、得失无悔、放平心态,人生就会拥有无尽的美好,这应该是一个人在社会上立足和处世的基本准则。

有人说,世界上什么学问都好学,最难学的是吃亏,吃亏是一种本事,是一种素质,是一种美德,是一种修炼,是一种涵养,更是一门学问。愿意吃亏才会有权威,才会有号召力,多吃亏自然少是非,只要肯吃亏就能有作为。但现实生活中,能够主动吃亏的人实在太少,这并不仅仅是因为人性的弱点,很难拒绝摆在面前本来就该你拿的那一份,也不仅仅因为大多数人缺乏高瞻远瞩的战略眼光,不能舍眼前小

193

利而争取长远大利。要学会吃亏，最重要的一点就是要用坚定的人生信仰和执着的人生追求去克服自身固有的狭隘心理，时时刻刻将心中的"私"压抑到最低限度。特别是对待时下社会上无处不在、无处不有的横流物欲和诱惑。

生活中总少不了那些为了点儿鸡毛蒜皮的事争来抢去的人，总少不了那些为了私利出卖朋友的人，总少不了那些鼠肚鸡肠、算计来算计去的人，很少有人愿意吃亏。在大森林里，一天，一头凶猛的狮子建议九只野狗同它合作猎食。它们打了一整天的猎，一共逮了十只羚羊。狮子说："我们得分配一下这顿美餐。"这时一只野狗说："一对一就很公平。"狮子听后很生气，立即把它打昏在地。其他野狗都吓坏了，其中一只野狗鼓足勇气对狮子说："不！不！老大，刚才我的兄弟说错了，如果我们给您九只羚羊，那您和羚羊加起来就是十只，而我们加上一只羚羊也是十只，这样我们就都是十只了。"狮子满意了，说道："你是怎么想出这个分配妙法的？"野狗答道："当您冲向我的兄弟，把它打昏时，我就立刻增长了这点儿智慧。"

这个故事告诉我们，"好汉要吃眼前亏"，"吃得眼前亏，可保百年身"。古语说："吃亏是福。"这是对吃亏或忍让的最好评价。因此，我们不要害怕吃亏，吃亏不但不是坏事，而且会是好事，是在为我们自己培植福德。

十、宽容并不是软弱

宽容，对人对自己都可成为无须投资便能获得的"精神补品"。学会宽容不仅有益于身心健康，而且对赢得友谊，保持家庭和睦、婚姻美满，乃至事业的成功都是必要的。因此，在日常生活中，无论对子女、对配偶、对老人、对学生、对领导、对同事、对顾客、对病人……都要有一颗宽容的爱心。宽容，能折射出为人处世的经验，待人的艺术，良好的涵养。学会宽容，需要吸取多方面的"营养"，需要时常把视线集中在完善自身的精神结构和心理素质上。

当然，宽容决不是无原则的宽大无边，而是建立在自信、助人和有益于社会基础上的适度宽大，必须遵循法制和道德规范。对于绝大多数可以教育好的人，宜采取宽恕和约束相结合的方法；而对那些蛮横不讲理和屡教不改的人，则不应手软。从这一意义上说"大事讲原则，小事讲风格"，乃是应取的态度。

处处宽容别人，绝不是软弱，绝不是面对现实的无可奈何。在短暂的生命里程中，学会宽容，意味着你的人生会更加快乐。

法国的文学大师维克多·雨果说过一句话："世界上最宽阔的是海洋，比海洋宽阔的是天空，比天空更宽阔的是人的胸怀。"雨果的话虽然浪漫，但很有现实意义。相传古代有位老禅师，一日晚间在禅院里散步，看见墙角处有一张椅子，他一看便知有位出家人违犯寺规越墙出去溜达了。老禅师也不声张，走到墙边，移开椅子，就地而蹲。少顷，果真有一小和尚翻墙，黑暗中踩着老禅师的背脊跳进了院子。当他双脚着地时，才发觉刚才踏的不是椅子，而是自己的师傅。小和尚顿时惊慌失措，张口结舌。但出乎小和尚意料的是师傅并没有厉声责备他，只是以平静的语调说："夜深天凉，快去多穿一件衣服。"

老禅师宽容了他的弟子。他知道，宽容是一种无声的教育。

有人说宽容是软弱的象征，其实不然，有软弱之嫌的宽容根本称不上真正的宽容。宽容是人生难得的佳境——一种需要操练、需要修行才能达到的境界。

宽容，首先包括对自己的宽容。只有对自己宽容的人，才有可能对别人也宽容。人的烦恼主要来源于自己，即所谓画地为牢、作茧自缚。电视剧《成长的烦恼》讲的都是烦恼之事，但是主人公夫妇对儿女、邻居采取了宽容的态度，最终都把烦恼化为了捧腹的笑声。

人各有所长，各有所短。争强好胜容易失去做人的乐趣。只有承认自己某些方面不行，才能扬长避短，才能不让忌妒之火湮没心中的灵光。

宽容地对待自己，就能心平气和地工作、生活。这种心境是充实自己的良好状态。充实自己很重要，只有有准备的人，才能在机遇到来之时不留下失之交臂的遗憾。知雄守雌，淡泊人生是耐住寂寞的良方。轰轰烈烈固然是进取的写照，但成大器者，绝非热衷于功名利禄之辈。

三国时，诸葛亮初出茅庐，刘备称之为"如鱼得水"，而关、张兄弟却未然。在曹兵突然来犯时，兄弟俩便"鱼"呀"水"呀地对诸葛亮冷嘲热讽，诸葛亮胸怀全局，毫不在意，仍然重用他们。结果新野一战大获全胜，使关、张兄弟佩服得五体投地。如果诸葛亮当初跟他们一般见识，争论纠缠，势必造成将帅不和，人心分离，哪能有新野一战和以后更多的胜利呢？

唐朝谏议大夫魏徵，常常犯颜苦谏，屡逆龙意，可唐太宗以宽容为怀，把魏徵看作是能照见自己得失的"镜子"，终于开创了史称"贞观之治"的太平盛世。

如果一语龃龉，便遭打击；一事唐突，便种下祸根；一个坏印象，便一辈子倒霉，这就说不上宽容，就会被百姓称为鼠肚鸡肠。真正的宽容，应该是能容人之短，又能容人之长。宽容的过程也是"互补"的过程。别人有此过失，若能予以正视，并以适当的方法给予批评和帮助，便可避免大错。自己有了过失，亦不必灰心丧气，一蹶不振，而应该吸取教训，引以为戒，重新扬起工作和生活的风帆。只要你具备了真正的宽容，必能取人之长，补己之短，使自己受益终生。

十一、对待别人，心存感激

在日常生活中，很多人常听到这样的话：父母抱怨孩子们不听话，孩子们抱怨父母不理解他们，男朋友抱怨女朋友不够温柔，女孩子抱怨男孩子不够体贴。在工作中，也常出现领导埋怨下级工作不得力，而下级埋怨上级不够理解，不能发挥自己的才能。总之，对生活永远是一种抱怨，而不是一种感激。

有这么一句话，"如果你常流泪，你就看不见星光。"很多人，对现在所拥有的一切，不知道珍惜。小王是一个留学生，他给家里人写信说："你们知道吗，当我到欧洲的时候，我多向往北京的太阳啊！"北京的太阳？欧洲没有太阳吗？他说："我住在伦敦，那里的天气经常是阴沉沉的，有的时候接连几天，甚至一个星期都见不到太阳，我的心情好郁闷，好压抑啊！这个时候，我就怀念我走在北京的大街上，阳光普照大地，一种说不出的舒畅。"对大自然中美好的东西，我们也常疏忽了感激，总是不满。

我们拥有父母的爱、朋友的关怀以及美好的事物，可是我们不知道去珍惜，还总是去抱怨，这就是因为我们没有心存感激。像许多年轻朋友，很不容易考上大学，有机会接受高等教育，这实在是非常难得的机会。固然还有很多不能令人满意的事情，但这在任何社会中，都同样存在着，如果你内心存有一种感激的心情，你就会很珍惜这些东西，你也就会尽可能地去利用这些条件。

在日本藤泽市，有个女子名叫佐伦敦子。她十几岁时，很渴望到美国去。对于美国生活，她所知道的大部分是从教科书中读到的。

后来，敦子终于如愿以偿。到美国加州去读大学。可是，她到达美国以后，发现那个国家和她想象中的美好世界完全不一样。"人人都在竭力应付各种问题，似乎总是精神紧张，"她说，"我感到很孤寂。"

各学科之中，她觉得体育最难应付。"我们打排球"，她说，"其他同学都打得很好，就我不行。"

有天下午，教练指定由敦子负责把球传给队友扣杀过网。对大多数人来说，这没什么困难，但是敦子很惊慌。她怕自己会做不好，受人讪笑。

有个男同学察觉到她心里害怕，便走到她面前，轻声说："放心，你应付得了的。"

"这句鼓励给我的感受，你是永远都不会了解的。只是区区几个字：'你应付得了的。'我真是开心得想哭。"

她在那一节课终于过了关。六年后，敦子27岁，回到日本去做售货员。她说："我始终没有忘记那几个字。遇到困难，我就会想起它们。"

她肯定那男同学完全不知道他那点儿好意对她的意义之大。"他也许不记得这件事了，"她说。

敦子如今在日本常东奔西走。可是，她仍经常记起"你应付得了的"这句简单的话，她一直对这个男同学心存感激，因为这句话对她来说，实在是太重要了。

是的，有时候，连最简单的话也会产生极深远的影响。有这么一句话："一个女孩因为她没有鞋子而哭泣，直到她看见了一个没有脚的人。"世间很多事情，常常是我们没有珍惜身边所拥有，而当失去它时，才又悔恨。

感激不是天生就有的，它是培养出来的，许多人从未真正感觉到它。由于我们只注意我们需要什么，很少注意这些东西是从哪来的。如果你要拥有美好的生活，就应该培养感恩的心。

一次，古罗马众神决定举行一次欢迎会，邀请全体美德神参加。真、善、美、诚以及各大小美德神都应邀出席，他们和睦相处，友好地谈论着，玩得很痛快。

但是主神朱庇特注意到：有两位客人互相回避，不肯接近。主神向信使神密库瑞述说了这一情况，要他去看看有什么问题。信使神立即将这两位客人带到一起，并给他们介绍起来。

"你们两位以前从未见过面吗？"信使神说。

"没有，从来没有。"一位客人说，"我叫慷慨。"

"久仰，久仰！"另一位客人说，"我叫感恩。"

正如这个故事揭示的：生活中慷慨的行为总是难以得到真诚的感恩。事实上，我们每个人每天的生活都在仰赖着他人的奉献，只是很少有人会想到这一点。

世界上最大的悲剧是一个人大言不惭地说："没人给过我任何东西！"这种人不论是穷人或富人，他的灵魂一定是贫乏的。

有些人对恩义感觉迟钝，对怨恨却十分敏感。这类不知感恩喜欢怨天尤人的人，必定会走厄运，而且感觉人生充满不幸。这类人对别人的要求特别高，喜欢用自己的思考模式来规范他人，结果往往成为不受欢迎的人物。

整天抱怨他人，却不知好好检讨自己。这种人有时会因有人庇佑而威风一时。不过由于此类人多半专横、自私，只知从别人身上得到好处，却不知回馈，而不受欢迎。短视近利的后果，往往是令帮助他的人感到失望，不再给予支持。这类人多半自以为是，从不考虑自己的责任，老是认为别人在算计他，对他不怀好意，想要陷害他。

消极的心态会使这类人离开对他有利的人，而和同类型的人在一起，会逐渐深陷其中而无法自拔。

对于曾经帮助过我们的人表达感激是一种习惯，很遗憾，中国人对这样的方式在长久以来都是不太习惯的。我们很含蓄地搁在心底。用时间来酝酿醉人的醇酒，一旦开了瓶，人情与酒香将成为最佳的咏叹调！

凡事开头难，尤其是习惯的创造，但是尝试做一次、两次……你会发现其实并不会太难，难的是你是否愿意付诸行动，让人生不再遗憾。

一个坚强、有自尊心的人，当他们意识到上天的赐予有多丰厚时，他们会真正地谦卑起来。他们感激别人对他们的生活所做的贡献。当一个人记起了信心、梦想和希望是促使他生活下去的原因时，他就会越伟大，却越谦卑。任何人以自己的成功为荣时，都应该想起他从先人处接受的东西有多少。先人的伟大为他的生活设定了方向，他所能做的便是实现先人的理想。

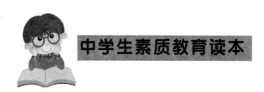

第十章 人间自有真情在

一、用真心换得真心

爱情，这不是一颗心去敲打另一颗心，而是两颗心共同撞击的火花。

——伊萨可夫斯基

每个人的生命中，都注定会有一段尖锐、热烈、艰难甚至是撕心裂肺的爱情，无论是主动的爱情，还是被动的爱情。爱情的难能可贵之处就在于双方的两情相悦，但大多数人却常常被一厢情愿所烦恼。其实要得到对方的真心也并非难事，当你换回他真心的那一天，你会发现：原来只要做到真心去爱他，舍得为他做任何事就行了！爱情也许还在你身边，也许离你还有咫尺，距离的长短就在于你舍不舍得付出真心。为了他（她）的心，你舍得吗？

很久很久以前，有个书生和未婚妻一起约好在某年某月某日结婚。然而到了那一天，他深爱的未婚妻却要嫁给另外一个人。这对书生来说，简直就是晴天霹雳。受到这个沉重的打击后，书生便一病不起。

家人看着他整日萎靡不振，便用尽各种办法去帮他，结果都是徒劳。眼看他就要奄奄一息的时候，恰好一个游方的僧人路过，闻讯便决定帮他指点迷津。僧人看到躺在床上的书生，忍不住叹了口气。他走到书生的床前，从怀里掏出一面破旧的铜镜子让书生看。

这时铜镜里出现了一个画面，茫茫的一片大海，一名遇害的女子一丝不挂地躺在海滩上。路过一个人，看了一眼，然后摇摇头，走了……接下来又有一个秀才般模样的人路过，看到后便将自己的衣服脱下，盖在了女尸的身上，走了……

接下来又来了一人，看到后连忙挖个坑，小心翼翼把尸体掩埋了……

看完后书生煞是疑惑，而顷刻间画面又切换到了另一场景。书生惊讶地坐了起来，因为他看到了自己的未婚妻。洞房里红红的蜡烛，未婚妻正被她丈夫掀起盖头……

书生不明所以，用微弱的声音问道："这是何意啊？"

僧人解释道："海滩上的那具女尸，就是你未婚妻的前世。而你就是第二个路过的人，那时你只舍得给她一件衣服。那么，她今生注定只是和你相恋。而她现在的丈夫却是第三个路过的人，他真心舍得付出更多的关爱。所以，他们今生注定要携手一生。你吝于付出更多的真心，今生又怎么能换得她的真心呢？"

爱情路上注定多有磨难，也许你只是暗恋着他，也许你们感情正有危机，也许你认为情况不会再有好转而有所懈怠、有所退缩。那么，在你那颗跳动的心火逐渐熄灭之时，你是否想过自己到底舍得为之付出多少真心呢？你是否真的认为要换得她的真心，只是等待就可以了吗？

爱情之所以为爱情，正是因为双方有爱又有情，而爱与情的体现就必须是你舍得将自己的真心付给对方！因为只有这样，你才会看到他的真心，才会拥有真正的爱情！有的人在爱情中总是处于被动，不舍得付出一丁点儿的真心，生怕得不偿失而只是一味地接受。这样吝于流露真心不去做一点儿努力，只会造成对方长期单方面的付出，长此以往，不管你们的爱情之花开得多么灿烂，总有一天也会枯萎。当她对你的真心付出不抱希望时，就会为自己没有回报的付出而放弃！你不舍得付出真心，你的爱情就注定不会长久，总有一天会走到尽头。

曾有一篇感人至深的文章，它的内容大致这样：

小霞，女，三十岁，没长相，没身材，没工作，总是一副痴呆状，却永远努力地、不放弃地做着认为值得做的事情。在文中，她曾说过："对于爱情，我虽然连个菜鸟都不是，但是，我却对他抱有着无限的幻想和美丽的梦想，我还是很期待那

201

种轰轰烈烈的爱情。如果我的爱情真的来临了，我也会认认真真地、毫不吝惜真心地谈一场恋爱……”正如她所说的，为了爱她付出了很多很多，然而也正是因为她舍得付出真心才真正赢得了自己的爱情。

她爱上了自己的老板——明浩，他年轻有为、家财不菲、英俊潇洒，曾经还有一个漂亮且深爱他的初恋女友。于是，就注定了小霞要走一段崎岖的爱情之路。为了爱他，小霞默默地付出着，中间也曾受过各种各样的打击，但她还是无怨无悔，无论是他的冷言相对，还是别人的恶语相加。她始终坚信：只要舍得付出真心，就一定能换得他的真心。为他送上一块亲手烘烤的蛋糕，为他送去自己亲手熬的粥，在他生病时悉心照料……

最后天遂人愿，在经历多番挫折后，明浩终于被小霞感动了。当朋友们问起小霞是如何打动他的时候，她说：“只要用真心，只要舍得付出！”

真心是爱情的基石，有了真心才能赢得真正的爱情。但有真心固然是好，也要舍得付出才行。当你为爱情付出很多时，即使你想不爱你的恋人，也是欲罢不能。爱是覆水难收，是可以连生命一起泼出去的，这就是为什么有那么多的人会为爱殉情的原因之一。当你的舍得与付出得到收获时，你会发现自己所做的一切都那么值得，特别是当得到对方肯定时，你一定很愿意为她再付出更多，甚至生命。因此，我们常说爱情的魔力很大，其实正是双方舍得为对方付出而表现出来的潜力。

生活中，有很多人的感情在流离失所中徘徊，爱对方的心在日复一日失望的生活中麻木而起茧。这时就需要一些可以让自己感动的东西来撩拨内心柔软的感情，让自己的感情活跃起来。那就是找出自己的真心，舍得爱、付出爱、收获爱。相信生活会因此变得可爱，每件事也都会因此而变得生动起来，她的真心也会如期而至。有时舍得付出真心也是一种幸福，因为那至少说明你有爱的能力。你从内心舍得了，你也就更多一份坦然，即使没有得到回报你也不会后悔，至少你争取过，付出过，去爱过。因为，只有舍得付出才会知道自己价值的所在。

人的一生不能没有爱情，一份美好的爱情，就是让人学会如何去舍得真心，学会如何去付出。

二、有一种爱，叫作放手

爱情不是强扭的，幸福不是天赐的。

——谚语

有的东西你再喜欢也不会属于你，有的东西你再留恋也注定要放弃，爱是人生中一首永远也唱不完的歌。人的一生也许会经历许多种爱，但千万别让爱成为一种伤害。生活中到处都存在着缘分，缘聚缘散好像都是命中注定的事情，有些缘分一开始就注定要失去，有些缘分永远都不会有好结果。

阳和雨是在工作时认识的，雨很稳重，这正是阳喜欢的。她平时很少说话，每次都是阳有事没事去找她说话，时间久了自然成了好朋友。阳见不到她就会感觉心里空空的，见到她就会特别高兴，所以每天都盼着上班，工作自然有劲。可好景不长，雨因病辞掉了工作，之后他们见面的机会少了很多。

阳知道这对她来说没什么，但对自己来说就是煎熬。没有她的日子，阳感觉做什么都没有意义，这才意识到自己真的爱上了她。但是阳不敢向她表白，因为她是自己的初恋，害怕说出来后会被拒绝。最终，想要赌一把的阳鼓起了勇气向她表白了，雨好像很惊讶，说让她考虑考虑，当时阳以为是有希望的。

谁知两天后，雨告诉阳说我们不合适。但是阳并没有死心，第二天又去找雨，希望能有奇迹出现。阳又问了雨："难道真的一点儿机会都不能给我吗？"可她的回答依然是那么坚决。离开雨后，阳忽然感觉轻松了许多，本以为自己会发泄一通，却发泄不出来……

他不知道自己为什么会这么平静。难道真的没爱过她吗？当初为了她甚至可以抛弃一切，可在被她拒绝以后阳并没有自己想象的那么难过……

最终，阳还是明白了人们常说的，爱她，只要她幸福就可以了。

心理学中有一种升值规律，即越是得不到的东西，越是朝思暮想，这或许就是许多人对于得不到的东西苦苦追求和不能放手的原因吧。很多人在迫不得已放手后，总是郁郁寡欢，会莫名地为了一首歌、一部戏，或是一句话而泪流满面，总觉得天是黑的，云是灰的，甚至失去了生活的激情，是一种无奈的绝望和痛彻心扉。

其实，"放手"并不像很多人想象的那样痛苦，相反，你很可能在退一步之后感受到前所未有的轻松。你只是失去了一个不喜欢你的人，你只是回到了认识她以前的日子，只有放手，你才会有机会在将来收获一份真正的爱情。你可以回头想想：当拥有他（她）时，你是否曾感到自我空间被严重束缚，压得喘不过来气，不能做自己想做的和应该做的事情？是不是也曾感到很累，觉得为爱改变得太多，甚至丧失了原先的自我呢？终于，有这么一个机会让你回到以前，那就好好休息一下吧，重新体验一下单身的自由生活，又何尝不是一种收获？

小时候，男孩和邻居家的小朋友一起玩，后来小朋友要抢小男孩的玩具，小男孩紧紧抓住不放，邻居家的小朋友就狠狠地打了小男孩一拳。疼痛难忍的小男孩不得不放手，然后小朋友说了一句"看，要你放手还不简单"。也就是因为这句话，从此，小男孩在心里下定决心以后不管遇到什么情况一定不会轻易放手。长大后男孩和一个女孩相恋了，他们在一起生活得很开心。

可有一天女孩提出了分手，她要离开他们的小屋，男孩抓着女孩的手不让她离开，挣扎中女孩狠狠地咬了他一下，男孩痛了就放手了。在拉扯中男孩无意从女孩衣服上拉下了一样东西，于是在以后的日子里，男孩子抓东西的这只手就从来没有松开过，直到另一位女孩的出现。

这个女孩知道男孩的过去后很同情他，于是，她接近男孩并开导他。后来女孩不可救药地爱上了这个男孩，而男孩也明白，只是他放不下以前的感情。无奈之下她把男孩约到了大海边，拿出一件挂坠，男孩知道那是女孩母亲去世前留给女孩的，对她来说是很重要的。男孩不明白女孩接下来要干什么，只见女孩把挂坠抓在手里看着大海喊着男孩的名字："我想和你永远在一起，我愿意用我最重要的东西来换。"说完不舍地看了看手中的挂坠最后一眼，毫不犹豫地把挂坠扔向了大海。

男孩说："这样值得吗？"女孩只说了句："放手其实很简单。"男孩怔了怔没有说话，好久，男孩哭了，哭得好伤心。他举起那只一直紧握的手，慢慢地打开了手心，里面是一枚变了形的胸针，这是男孩送给他女朋友的第一个礼物，也是他女朋友最喜欢的东西。男孩就这么一直看着手中的那枚胸针，好久，男孩抬头挺胸地站了起来，对着大海说道："我会忘记你的，我会过得很好的。"说完用尽全身力气把手中的胸针扔向大海。不久男孩和女孩走进婚姻的殿堂，接受了所有人的祝福，幸福地生活在一起。放手其实真的很简单。

人们总是容易沉溺于往事的追忆中而无法自拔，皆是源于对过去丧失的事物的迷恋。但是爱走了，就要舍得放手，这也是对自己的宽容。为了让自己不再难过，有时候爱情就应该自私点。烟花不可能永远挂在天际，只要曾经灿烂过，又何必执着于没有烟花的日子？

爱原是生命里奏出的一曲美妙动听的音乐，当音乐奏响时，你可以聆听它、感受它、体验它、珍惜它并激活它。但我们都是平凡的红尘男女，挣不出爱恨纠缠的情网，逃不过爱与被爱的漩涡，一味地陷入逝去的往事中遐想，无形中夸大了过往事物的美好，于是所失去的便愈加完美了。但是细细体味寂寞后的潇洒，想想除了她（他）以外的快乐，想想再也不用为了猜测她（他）的心思而绞尽脑汁，会不会轻舒一口气，感觉轻松一点呢？倘若是真的了解爱情的含义，就会明白一直所抓着不放的事物其实也不过如此罢了，眼前所拥有的才更珍贵……

因为放手并不是痛苦，它是坦荡，是感悟，是在漫天飞雪里，忽然见到的阳光。

三、放下旧观念换得真爱

目前，婚前性行为已非常普遍，其实性爱只是爱情和婚姻中的一种表达方式，真正的爱情应该能接受和包容对方的优点、缺点。你爱她，但是因为她不是一个处女而不爱；如果有一天你终于碰到一个处女，却对她毫无感觉，那么，你是否要为了她是处女而选择她？

有一名男子非常喜欢一位女子，对方也很喜欢他，他们结婚了。就在新婚之夜他却无意中得知她已非处女而嫌弃她并准备结束这段感情。由此看来，毒害中国五千年的封建思想仍然深深影响着那些自我标榜新潮的人们。

每个人对爱情的理解不同，对爱情的期待也不同，真正的爱情是执迷的深情，包容和付出，而非苛求。真正爱一个人，爱的是她的个性魅力。人无完人，要享受爱情甜蜜，就要学会包容，包容对方的不足，原谅对方的过失。爱不是改造场，爱是接受而非苛求。

爱是一种感觉，茫茫人海中，唯为你心动，由此可见爱情的唯我性，也可见，在那时，爱并非由性来主宰。可是为何单纯的心动演变为相处和相守的时候，就现实得与贞节有关呢？难道，贞节是爱情的首要前提？失去了贞节的女子，从此必须放弃追求再爱和真爱的权利？浪子尚可回头，更何况对感情的向往，人人皆有权利。

你的她在遇到你之前，并不知道未来会怎样，她将会遇到哪些人，发生什么事。大部分的人在恋爱时，都会全心全意地投入，也许她对前男友动情，或许让你略感失落，但那也表示她是一个负责任、认真的人，一个骑牛找马的谈恋爱的人更可怕。

她之所以付出了她的身心，是因为那时她以为他们是有结局的。谁知一切只是过眼烟云，你才是她真正的白马王子。人没有未卜先知的本事，如果有，她一定会把处女之身留给深爱的你，可是，我们人类真的没有那个能力，谁会没有有缺点的过去呢？

又是谁，判决了有故事、有过去的人不能追求幸福的未来？没有。所以，男人，你凭什么嫌弃别人的过去？这就是你爱的表现？难道，你敢言你从无过去？哪怕你的过去一片清白，难道你就真是为了女人的贞节而爱？

现在的社会已经比较开放，婚前性行为或试婚也不鲜见，那是社会的一种趋势使然。没有人敢保证爱一次就爱出个未来，没有人敢说失身女子就不清白，人的清白，要视其心。如果那只是她的过去，如果她是真心待你，如果在你们的爱情中，她不曾背叛，如果你爱她，如果她值得你爱和包容……那么，去爱吧，爱情里，本不该有杂质。

同样，爱情也是不能以门第和金钱来衡量的。

钱，在当今社会中有着重要的位置，女孩在社会中能够撑起半边天，"男大当婚，女大当嫁"自古然也，但也有所谓的"门当户对"。所谓门当户对，就是朱门对朱门，寒门对寒门。最讲究门当户对的，应该是东晋时期。整部中国历史，东晋时期的门第观念最强。西晋时期，士族还得依附于皇权，而东晋居高位的士族，其权势往往得以平行或超越于皇权之上。

古时候，常有些富家小姐和穷小子私奔的事情发生。现如今，不会再有这种事情发生。在这个现实而又残酷的时代，不仅不会有类似的情况发生，还会有一些匪夷所思的事情，比如相亲，看家庭条件，看人品学历，看父母的地位……一些本质的东西都已不复存在了。难道门当户对真的很重要吗？可是门当户对的婚姻会不会幸福呢？

不知道是缘分的安排，还是上天的捉弄，一个是大学本科生，一个是外来打工妹，却因为共同的兴趣和爱好，他们走到了一起。华的感情，使颖拾起一个失落的梦境，描绘出一个崭新的希望。华的爱伴着颖，分享今天，畅想未来，彼此都为这份感情投入了很多。

起初，他们都没有工作，于是，他们互相鼓励，度过了人生中低谷的一个阶段。后来，颖找了一份工作，华也建起了自己的网站。那个时候，他们住对门，颖上班之后，华怕她太累，回来一个人待在房间又太无聊，为了方便相互照顾，且可以减少开支，颖搬到了华的房间，他们开始同居。

华不善于表达，但是，从他的言行举止和对颖的百般呵护中，颖感到了他那真切的爱，是华的真情让颖忘记了自己身处他乡异地。那段日子，颖开心得像一个捡到了糖果的孩子，以为这就是她今生追求的幸福生活。

颖小心翼翼地呵护着这份感情，颖和华甚至相信有来生。后来，华远在新加坡的父母知道了他们的交往，态度非常强硬地表示，决不接受这个事实，并要求他们马上分手，理由是他们门不当户不对，更介意颖是外地人，既没有好的工作，又没有大学文凭，华的家人一致表示，颖和华不是一个层次的人，他们在一起是不会有幸福的。更糟糕的是，华的父亲还因为这事，高血压病发作住进了医院。这犹如晴天霹雳，使他们两个都要崩溃了，最后，华终因受不了家人的威逼，提出要和颖分手，颖的心都碎了。

一个未婚，一个未嫁，有什么不可以，感情一定要用学历和金钱来衡量吗？门当户对真的那么重要吗？"门当户对"的老观念，拆散了多少真心相爱的人，使他们抱恨终生而希望来世再相聚。感情这个东西相当复杂，所以好多人都在问"世间情为何物"？就是说不清、道不明，这只有相爱的两个人用心去感受，门当户对应当理智地看。

你如果出身寒门，爱上了朱门的他（她），你一定不希望对方嫌你出身寒微。子曰："己所不欲，勿施于人！"那么，假如你出身朱门，你就该为寒门爱上你的他（她）设身处地地想一想。而且，世界上也没有永恒的富贵。今日的朱门，未必永远是朱门，今日的寒门，也未必永远是寒门。

失去让你懂得更多。

女孩与男孩自上高中就是同学，爱情像不经意间落下的牵牛花的种子，落在彼此的心上兀自牵绕缠成一片。直到大学毕业，利用七年时间培育出的爱情，让他们彼此相知。

毕业之后，两个人都辛勤地工作着，直到他们有了钱买下一套小房子，房子并不大，但是女孩还是感觉幸福，幻想着结婚以后，她在家里晒着太阳帮老公熨衣服，幻想着将来老了以后要在阳台上种满花草，她还想着要养一只会唱歌的鸟，就他们两人，依偎在阳台上，晒太阳、看花开、听鸟唱。男孩嘲笑她，但那时的嘲笑是宠爱的表现。

美好的日子总是过得很快，直到她发现他跟另一个女孩走得很近，并且对婚姻开始闪闪烁烁。她决定最后一次试探他，她对男孩说："应该结婚了吧？"男孩只是扭过头不经意地看着街头的风景说："再等等吧。"女孩只觉得"砰"的一声，是什么爆开了，无法收拾了吧？她没有再多说一句。

那天晚上她整整哭了一夜，然后收拾起晶莹的眼泪。清晨，她精心打扮了自己后约他在常去的街心花园见面。爱情曾经在这个地方蔓延，就让它也在此结束吧。

　　女孩故意迟到了一小会儿，正当男孩等得不耐烦想要离开时，她盛装而出，款款而至。男孩惊讶于眼前的美丽，笑着问女孩："今天是什么日子，这么隆重？"女孩淡淡一笑，平静地说："今天，是我们分手的日子。"然后伸出手来轻触他的手，道别，优雅离开。当时花园里的花姹紫嫣红、风情万种，衬托得女孩的离开更加惊艳。

　　也不知过了多少年，男孩已经变成了男人，女孩也变成了女人，同学聚会，男人也去了，他也不知道自己为什么会来，或许真的是想再见一眼那个天使一样的女孩？不过，他并没有见到，只是听同学们议论，都在羡慕女人惬意的生活和爱她的老公……男人的眼前一片迷离，多年来一直忘不了那天，姹紫嫣红、风情万种的花之间，盛装的女孩像个花仙子一样，印在他的心上……

　　无论男人还是女人，总是要在适当的时候给自己保留足够的自尊，在爱情完全失去时，我们唯一可以保留的，也只有自己的风度。或许也只有这样，才可以让那伤害你的人永远地怀念曾经的美好。

　　把失去当成一种赢利，失去了才会了解自己的缺点，失去了才能开始懂得付出、奉献，失去让我们又完整了一步。不要害怕爱人的离开，不要害怕岁月的侵蚀；在迷茫的时候及时调整自己，时间会冲淡一切。不要让自己带一点脆弱附庸，尽情地恋爱，优雅地离开。

四、算计别人就是算计自己

　　人与人之间，只有真诚相待，才是真正的朋友。谁要是算计朋友就等于自己欺骗自己。

——吉·阿布巴尔·伊芒

209

　　许多人考虑事情，总是从本位出发，首先考虑这件事情会对我有什么伤害、影响，然后才想到对别人的利益、影响。这样，就会考虑自己先该怎么做，然后再怎么做，这样做会对自己怎么样，那样做又会怎么样。衡量来衡量去后，挑了一个自认为对自己有最大好处的选择，结果，事情就按着当初自己想的进行并得到了预料的结果。

也许你以为自己会心满意足，而到最后，可能你失去的比得到的更多。算计别人害人又害己，何不放弃这种"小聪明"做个处处受人欢迎的人呢！

与人交往，难免会上当受骗。伤心难过之后，人们会有很多处理方法。性格坦荡的人在受到伤害的时候，能够以宽容之心去对待，有时甚至会一笑泯恩仇。那些心胸狭隘的人，常常不能真诚地对待别人，甚至嫉妒心异常严重，不择手段地算计别人。

但是，太过精于算计往往害处大，害人既害己。

一个精于算计的人，通常也是一个事事计较的人。算计容易让人失掉平静，处在一事一物的纠缠里。而一个经常失去平静的人，一般都会有较严重的焦虑症。如果一个人长期处于焦虑状态，不但谈不上快乐，甚至可以说是痛苦的。

爱算计的人在生活中是无法得到平衡和满足的，他们总是与别人闹意见，分歧不断，内心充满了冲突。

爱算计的人，必然是一个经常注重阴暗面的人，所以他们总在发现问题、发现错误，处处担心、事事设防，内心总是灰色的。

爱算计的人，心脏的跳动比平常人快，睡眠不好，失眠也总是与之相伴。消化系统易受损害，气血不调，免疫力下降，容易患神经、皮肤疾病。最可怕的是，他们总是怀疑一切，常常把自己摆在世界的对立面，这实在是一种莫大的不幸。他们的骨子里还贪婪，这使他们的生命变得没有色彩。

李梅才四十出头，却已未老先衰，病魔与她形影不离，折磨得她痛不欲生。了解她的人都会在同情之余加上一句感叹："她太会算计了，是算计害了她。"

她与婆婆和妯娌的关系不好，一点儿鸡毛蒜皮的家庭利益，能让她琢磨成许多原则性的问题，亲情在她的算计中淡去，最后竟到了老死不相往来的地步。

在工作中，她也很会算计。特别是当单位评审职称、晋升干部、加薪评奖时，她会对上司和同事的一个脸色、一句不经意的话特别敏感，且能反复研究，并按照自己算计得出的结果，集中力量进行反击。于是，她自己人为地与同事之间画了一条防线，严防死守，还不时出击，最终是伤人也伤己。

她一个知心朋友都没有，没有和谐的工作环境和家庭环境，整日被算计的焦虑困扰着，常常是坐卧不宁，苦思冥想，处心积虑，最终导致了她脱发、消瘦、心律失常。过度的算计是会致人病、要人命的。

喜欢算计的人，容易对人、对事产生不满和愤恨，所以人际关系不佳，事情处理不好。这样的结果会使算计者穷尽心力，进行再算计、再反击，导致恶性循环。

《红楼梦》中的王熙凤就是个典型的善于算计的女人。她毒设相思局，弄权铁槛寺，弄小巧借剑杀人，瞒消息设奇谋，终于"机关算尽太聪明，反算了卿卿性命"。

人们常说："大事聪明，小事糊涂。"算计的对立面是糊涂。对于大事，原则问题，应该头脑清醒，毫不含糊。对那些不中听的话和看不惯的事，装作没听见和没看见，这种"小事糊涂"的处世态度，不仅可以为你赢得良好的人际关系，也是健康长寿的秘诀之一。

五、塑造博爱的个性

一个爱自己的人，才有可能去爱别人。有一篇新闻报道是悼念一位学校老师的：她在千钧一发之际把七位儿童推向安全地带，自己却在车轮下献出了生命。许多人都记得她是多么疼爱儿童，她为他们献出生命，是她一生奉献在幼教工作上的永恒纪念碑。有一位儿童的话中最传神地描述了她的爱心，这位小孩子说："她只会问我们上课上得怎么样了？她永远是这么慈祥，从不发脾气、也从不骂人。"

有一次，某教育专家问几对学生家长：有多少人愿意为自己的孩子牺牲生命？每一个人都举起了手，他接着问：有多少人愿意承诺，每天向自己的孩子和配偶做出"爱的声明"来表达心中的爱——不管是用正面的评语或伴读，或有意义的游戏，或者以轻抚、声音和眼神来跟他们进行接触？结果没有一个人举手。"你在开晚会

211

吗？"一位先生抗议道："你知道，我还有养家糊口的担子要挑哩！""至少你是坦白的。"教育专家回答说，"但是你的观点，正是一般窠臼化丈夫或父亲角色的传统观念。许多人只会在嘴上说我们爱自己的孩子和配偶，到了愿意为他们牺牲生命的程度。"而那位小学教师在儿童记忆中的形象，才是栩栩如生的：在她舍身之前，每天都以实际的行动在表达她的爱心。

在我们的生命历程中，少不了会经历从孩子长大到离开家的过程，这时候做妈妈的总会感觉到生命中似乎少了什么东西，这就是称为"空巢并发症"的一种失落感。而事实上，当爸爸的可能更惨，因为妈妈们至少每天都在表达她们的爱，而爸爸们永远只顾忙着赚钱养家，因而错失了发展亲子关系的良机。

"我早该料到他们会有长大的一天！"一位父亲哀叹着说："当我发现他们对朋友和衣着的兴趣开始超过对我的兴趣时，我就嗅到这种气味了，可是我没有想办法去接近他们，反而退缩到我的工作和电视中。我想我可能是傻了，因为我实在不了解他们，甚至拒绝去和他们沟通，就连培养一种跟孩子们相同的嗜好也不肯，我只一心期望着我太太能够掌握他们，现在他们都走了，而我再也没办法找回他们了。"然后，他耸耸肩，发出了一串意味深长的问话："我到底在说些什么？找回他们吗？他们从没跟我在一起过，我也从没跟他们在一起过，我们彼此之间如同陌路人。"

男人竟然比女人对"空巢并发症"有更多的感触，这并不新鲜。许多男士在回忆失去的亲子之情时，甚至痛哭流涕。身为父母是需要奉献的，包括每天表达的慈爱以及为孩子树立的榜样。

如果我们只期望孩子们以我们的方式来回报自己，很可能会限制他们对爱的表达。同样，当我们要求我们所爱的人应该成为什么样的人，让他们怎样依照画葫芦去学的时候，我们就无形中限制了他们塑造个性的方式，因为这意味着我们不信赖他们对自己性格取向的决定。有的夫妻想要彼此改变对方；有的老板猛盯着部属；有些父母亲则过度保护他们的孩子，这都是因为他们没有学会如何去相信自己并且相信他人。在这种情形下，我们就会去限制或监视我们本应该负责的对象，这并不叫真爱。

给你正能量

真爱是要接纳并且鼓励别人。我们之中有许多人把自己当作最棒的情人，只因为我们爱别人的方式，正是我们自己渴望得到的爱的方式。无条件的爱应该永远以对方需求为标准，而不是以付出的一方。有一位妇女向别人诉苦：她终于体会到，她一生中都只依照自己的方式去爱，而忽视了别人的需求，举例来说，当她在家里准备晚宴的时候，她最在意的是她的家看起来亮不亮堂、菜肴精不精美，而不是她的客人。有一晚，她几乎因此临时取消聚餐。所幸的是，在当晚以前，她同意了一位朋友的建议，决定从邻近的餐馆补些东西来将就，而把款待客人摆在优先位置，结果该晚的聚餐取得了很大的成功。从此，她开始觉悟到以前自己只是一味地想要摆门面，而不是真正地去爱别人。

有一年，她没有送圣诞礼物给自己最好的朋友，原因是她想不出送什么适当的礼物。其实若不是她想要显得风光，大可以邀朋友吃一顿便餐，或者约她们到快餐店聚聚了。只要有诚意，朋友们多半会被感动。不幸的是，她一心所想的只是自己的风光和体面，而从未意识到：执迷在自我之中，将会让她永远没有办法向别人表达出真正的"我爱你！"

当我们以他人所需要的帮助去帮助他人的时候，我们才真正付出了我们的爱。这里的关键就是，我们必须了解并接纳他人的真正需求将是多么重要的事。请记住，我们无法选择自己的性格，它是与生俱来的，而每一个人都在坚持不懈地去辨认、了解、接受我们自己，所以，对于我们的朋友、孩子和伴侣所能献上最珍贵的礼物，或许莫过于对他们的自我独特表达，给予真心的接纳称赞。我们也可以用耐心的对待来真正协助他们——当他们正在从事艰辛的个性塑造的工程时。

任何有关接纳的说法，必然会立即牵涉到自我评价。一个人能够对自己做到多大程度的接纳和欣赏，会直接影响到他能够对别人做到多大程度的接纳和欣赏。对他人不健康的批判，往往出于一个人自身的匮乏，这一点也许可以从青少年身上得到最佳的体现。青春期的孩子是出了名的对同辈不留口德的，我们之间谁不记得，在那些日子里，我们都曾经口不择言地伤害过别人。

如果我们去问大部分高中学生，他们最重视的是什么？最常被说出的两个答案就是"相貌"和"身材"。因为没有什么比满脸粉刺和迅速变化身体的青春期更令人难堪。而他们最关心的，大部分却是他们在当时无法控制的事情。

我们最爱批评的，其实偏偏正是我们最渴望的东西，比如，如果我最渴望得到感情上的慰藉，那么我会去期望能够给予这种慰藉的人，而不是内在自足得不需要多余感情的支援。我们经常会出于自己的匮乏去批评人。

能够爱别人的人，一定能够先爱自己。能够爱自己，表示我们接纳并珍惜我们真正的自己，而且意味着我们会不断地自我完善。当有人误会了或不信任我们的爱心时，让我们能够继续付出爱心，是我们对自己的爱，因为我们知道自己的动机是纯洁的。尽管爱的付出对象可以选择，然而对方并不见得愿意接受这一份爱。当我们太渴求得到时，尽管我们也会表现得很可爱，但动机却是自私的，因为我们其实希望能掌握对方的行为，尽管表面上看起来我们好像在做无条件的付出，暗地里却有别人必须接受的规范，才能使我们继续去"爱"他们。

一个趾高气扬的人和一个奴颜婢膝的人，其实都具有相同的苦衷——他们是充满不安全感的。他们的行为，有时候会披着爱的外衣，例如照顾别人（趾高气扬），或拍马屁者说希望自己能有对方一样的聪明或者美貌或者财富。趾高气扬和奴颜婢膝都是因为具有不安全感，两者同样都不是真正的谦恭，唯有自尊才能够产生一种谦恭的情操，让我们无条件地付出爱心。

虚怀若谷的态度，来自我们对于自己和他人精确的认识，也就是说，我们具有无须他人来认定的自视。这也代表我们能够接纳他人的回馈，并从中得到对于自己精确的认识和处理人际关系的线索。

能够经常不断地从孩子、同事、部属和朋友的回馈中，找出我们的动机，这是一种自我成长的过程。只有满怀不安全感的人，才会畏惧听到像"我扮演的父母、同事或朋友的角色成不成功"的答案。自信的人，能够感激得到真相和任何更正误解的机会。

我们都珍惜能够接纳我们身上所有缺陷的朋友，因为他们能够毫无保留地信任我们。我们也珍惜教会我们谋生技巧和爱的艺术的父母、老师、朋友和孩子们。我们更怀念那些给我们提供无数机会，让我们能够建立起坚强的性格基础，从儿童时代跃向成年时代的人们。

在以上经历中，我们会感到既不自甘平庸却又心平气和。我们时常在寻找着进一步的生命挑战，来加强爱得深刻的能力。我们拥有一份智慧，但也不安于自己对生命的无知。最令我们感动的，是那些点醒我们要去爱或被爱的善良的人们。

六、用真诚打动别人

大多数人都喜欢听好话，希望受到别人的赞赏，这些都是人之常情。但会为人处事的人，此时必然避其锋芒，即使觉得他干得不好，也不会直言相对。生性油滑、善于见风使舵的人，则会阿谀奉承，拍拍马屁。那些忠直的人，此时也许实话实说，这就会让人觉得太过莽直，锋芒毕露了。有锋芒也有魄力，在特定的场合显示一下自己的锋芒，是很有必要的，但是如果太过，不仅会刺伤别人，也会损伤自己。

怎样做到既表达出我们的真实感受，又不伤害别人呢？

首先，要学会"顺情说好话"。俗话说："顺情说好话，耿直讨人嫌。"其实，现实生活中经常见到"说谎"的人，在忙得不可开交的时候，接到话不投机朋友的电话，偏偏他讲了五分钟还没有放下话筒的意思，于是只好来一招："对不起，我马上就要开会了！"明示对方结束话题……尽管是言不由衷，但于人于己都无害，别人也容易接受。

其次，要学会使用幽默的语言。幽默历来是最妙的语言艺术。一次，著名的德国作曲家翰内斯·勃拉姆斯参加一个晚会，不曾想，晚会上他遭到一群厚脸皮的女人的包围，他边礼貌地应付，边想解脱的办法，忽然他心生一计，点燃了一支粗大的雪茄。很快，有几个女人忍不住咳嗽起来，勃拉姆斯照样泰然地抽他的雪茄。

终于有人忍不住了，对勃拉姆斯说："先生，你不该在女人面前抽烟！"

"不，我想，有天使的地方不该没有祥云！"勃拉姆斯微笑着回答。

215

勃拉姆斯用幽默的语言，使自己从无奈的纠缠中解脱了出来。

再次，要真诚。真诚并不等于不假思索地将自己的感觉和想法说出来，因为你的感觉是否正确尚是一个需要判断的问题。

在日常生活中，人们对事物的看法都属见仁见智，本无所谓对错。比如个人的衣食住行、穿衣戴帽、兴趣爱好等等。许多自诩为"有话直说""想到什么说什么""直筒子脾气"的人，其实是简单地用自己的观念和习惯去衡量别人的态度与行为，一遇到不对自己胃口的事立刻就去指责别人，实际上这并不是对他人善意的真诚，只是自我不悦情绪的随意宣泄。

中国有句古话叫"不看你说的什么，只看你怎么说的"。同样一个意思，不同的人有不同的说法，不同的说法有不同的效果。与人交流时，不要以为内心真诚便可以不拘言语，我们还要学会委婉、艺术地表达自己的想法。一句话到底应该怎么说，其实很简单，你只要设身处地从他人的角度想想就明白了。

人际交往中的真诚不等于双方直接简单、毫无保留地相互袒露，它要求我们本着善意和理性，把那些真正有益于对方的东西系上美丽的红丝带送给对方。

最后，一定要把握原则。切不可从私利出发，颠倒黑白、混淆是非，否则只能遭到别人的唾弃。

我们要把握住一点，真诚的核心和灵魂就是与人为善。如果对别人来说，"谎话"更适宜并容易接受，又不会伤害任何人的利益，我们不妨放弃对"完全诚实"的固执；但在任何时候，都绝不能为了个人利益而放弃诚实。那些经常为私利表现不诚实的人是不会获得成功的。一个人对其他人表现出完全的不诚实时，在钱财方面是有可能获得成功的。但是，他绝对不可能永远自欺欺人。

在生活中要做一个真诚的人不容易，因为它来不得半点虚假和功利，需要实实在在地付出、奉献。真诚待人，克己为人的人，也许偶尔会被欺骗，但他们会真正时时受人欢迎。面对一个处处为他人着想，绝不为个人利益放弃诚实的人，人人都会真诚地接纳他，愿意和他交往。所以，我们要学会体谅他人的心情，并且要做一个真诚的人。

七、亲情的力量

生活中有许多不尽如人意之事，但是我们应该懂得，无论我们遇到什么困难，我们的亲人就站在我们身后，给我们以最有力的支持。青少年气盛，又不懂亲情关照，遇到困难不知如何是好，不知如何跟父母沟通。罗宾以自己的亲身经历讲了一个信封的故事。

13岁那年，他跟着家里人从佛罗里达州搬到南加州居住。正处于青春叛逆期的罗宾，把父母的教诲常当作耳边风。反抗、易怒，对于一切都不在乎。就像许多时下的青少年一样，一切看不顺眼的事物，都极力反抗、逃避。"自以为是"的年轻人，对于所谓的亲情更是不屑一提。事实上，每当有人提到亲情时，罗宾都会生气地反驳他们。

有一天晚上，罗宾回家后，直接冲进房间，用力关上房门，躺在床上望着开花板，回想着不顺心的事情，样样不如意的一天。伸进枕头底下的手，意外地发现一个信封。拿出信封，上面写着："当你独处时，打开它。"罗宾心想四下无人，没人会知道我是不是读了它，于是就拆开了信封。内容写着："罗宾，我了解你对目前的生活感到不顺、挫折。我也知道，我们做父母的，不是什么事都对。我更清楚，我对你的爱是全心全意的，你所说所做的任何事都不会改变这点。任何时候想找我谈谈，我永远都欢迎你。如果不想，也没关系。只要记得，不论你身在哪里、做什么事，我都永远爱你，更会以拥有你这个儿子而感到骄傲。我的心永远跟着你，永远地爱着你。爱你的妈妈。"

从此以后，这种"当你独处时，打开它"的信，经常在罗宾的生活中出现。直到他长大成人，才向别人提到这件事。

217

后来，罗宾在世界各地演讲，帮助世人提高自己，经常提及这封信。一次，在佛罗里达沙拉苏他市的演讲结束后，有一位妇人来找罗宾，提到她与儿子间沟通上遇到的困难。在一起走向海滩的路上，罗宾跟她谈到他的妈妈永恒不变的爱及那些"当你独处时，打开它"的信封。几周后，他收到她的卡片，提到她刚在儿子枕头下留了一封信。当晚上床时，罗宾将手伸到枕头下。回想起每次在枕头下发现信封时，那种舒畅的感觉。在罗宾那段情绪纷扰的岁月里，这些信总能安抚他的心灵，让他确信，不论他做了什么事，母亲的关爱是永远不变的。临睡前，他感谢上天，让他的母亲了解到，正处于青少年叛逆期的他，最需要的是什么。

每当生活中遇到困难时，我们应该知道，其实，我们的枕头下也有一份宁静的信念。这种持久不变、无条件的关爱，会改变生活中的任何困境。

八、时刻敞开友谊之门

友谊是一种相互关心，同甘共苦，彼此相爱的深厚情谊。和别人不能说的话，和朋友却可以说；当自己苦闷失落时，能帮你排忧解难的，是朋友；有了喜悦，首先想到要与其分享的，还是朋友。没有友谊，没有关心，没有爱的人生是最孤独的，不健全的人生。但是，在现在社会中，人际关系越来越建立在各自利益的基础上，"相交喻于利"。而互相勉励，互相帮助，互相分享成功的喜悦与互相分担失利的苦痛的兄弟般的情谊已日渐稀少。这样尴尬的局面使现代人终于受到了孤独的包围，这种消极的情绪嘲笑着人生。

有一个大商场的经理，50 岁出头，说自己没有任何朋友，因为他接触的人皆在忙于工作。

他不愿与下属交往，认为这样会影响不好："我认为要把自己的事情做得十全十美，就得与他人保持一种不带任何感情色彩的关系。"他补充说。在现实生活中，有些人没有一个伙伴或知己是不足为奇的，许多人都吐露出他们没有一个可以完全信任和展示心事的亲密的朋友，问题在于他们都觉得这很正常。一个号称"铁娘子"的女经理谈到友谊时曾说："我真希望为自己找一个知心朋友，我有不少生意场上的朋友，但无一可称得上知己的，我感到十分孤独。偶尔心血来潮，毫无缘由地打电话，结果仅仅是问个好，谈天说地的事从来没有过——根本就没有这样一个对象。"没有朋友，没有友谊，结果陷在孤单的旋涡中，不幸的也是自己。

显然，人们在交往过程中自始至终受着约束，但他们不愿意让别人知道自己的弱点——挫折、焦灼、失望等，怕被人视为懦夫，表现得像只会一味怨天尤人的失败者，使他人对自己失去兴趣和尊重。同时，他们也不愿意与人分享成功的喜悦，怕这样一来会引起别人的竞争、嫉妒，或怕被别人理解为狂妄而受到指责。大多数的成年人都承认过分亲近配偶之外的另一个人会引起对方的警惕和怀疑。只要一个人向另一个人表露出热情，后者必然有所防范，头脑里马上冒出一个可怕的念头："这家伙到底想从我这儿得到什么？"所以成年人大多数都渐渐把寻找伙伴看作是不成熟的表现，或干脆当孩子气处理。然而，偶尔碰到孩提时代一老伙伴时，他们潜在的寻找热望，便会在彼此热烈的反应中暴露无遗。而这种友情的返真，说明人们内心深处还是渴望友谊的。

在我们的社会中，人们只有在为共同目标奋斗时，他们之间的关系才能和谐、亲密，这是一个可悲的讽刺。十来岁的孩子走到一起，就能组成一个球队，同心协力去击败另一个球队；成年人只有在战火纷飞的年代才会团结一致，面对共同的敌人。大多数情况下，人们彼此之间总是处于备战状态，他们的谈话很少涉及各自心中的秘密。内心世界的封闭使人们无法通过情感交流建立真正的友谊，而友谊的缺乏使现代人陷入一种强烈的孤独感中。因此，有些心理学家呼吁，哪怕是成年人，也应多交朋友，敞开友谊之门，寻找健全人生，摆脱现代悲哀。

九、两颗心需要磨合

一个人的个性，只要稍微用一点心就不难察觉，合不合，自己心里应当有数，千万别"以为"婚后对方会因你而改变。

外遇已经不再是婚姻的最大杀手了。

目前，由于夫妻沟通不良、个性不合导致分手的比率，已然超过外遇，成为离婚原因的榜首。

前不久才宣告离婚的好莱坞影星汤姆·克鲁斯夫妇，不也打着"个性不合"的理由，作为必须分手的说辞。

看来"个性不合"，确实成为婚姻杀手了？

深究起来，这也不是什么特殊的新鲜事，从以前到现在，"个性不合"一直是离婚协议书上的主角。一位专办离婚的律师，便感慨地表示："以前，当一对夫妻来办离婚时，我总劝他们再想一想，再给自己和对方一次机会。十对夫妻当中，有四对会因为共同努力而重修旧好。而这一两年来，我依旧诚恳地说同样的话，但是没有谁听得进去啦，有的还怪我多事。这说明现代人愈来愈在意自我的感受，不大肯为别人付出，只要不合自己心意，就说拜拜，连一丁点儿努力，都不愿付出。"

讲到这里，我们不免要问，所谓的"个性不合"，究竟指的是什么？从另一个角度看，这世界上真有和自己完全"个性相合"的另一半吗？而所谓的"合与不合"，分际又在哪里？"合"的夫妻和"不合"的夫妻，又有哪些差别呢？

婚筵上常见的祝词"天作之合"，好美丽又好浪漫，然而，这只是一个开始，真正的"合"必须在两人共同调适、学习、努力之下，才得以达成；这中间的过程很磨人，每每令人极不舒服，要和一个来自不同成长环境，有着不同生活习惯，不同想法、做法的人朝夕相处，原本不是件容易的事，而这么艰难的人生课题，竟从没有人教过我们，就这样硬生生地往里闯，怎么会不撞得头破血流？

或许这些人生课题，便是人生内容？就像那句广告词："我是在当了爸爸之后，才开始学习当爸爸的"。我们每个人不也都在结婚之后，才开始学习做妻子、当丈夫的？没经验？当然嘛，没关系，重点不在于经验，而在于肯不肯好好学习，在每一次失败、每一个错误中学习，在看书、听取长辈提引下学习，以及在相互沟通中学习。

每一桩幸福的婚姻，都"合"；而每一桩不幸的婚姻，都"不合"，这里面最大的差别，可能是"包容、忍耐和沟通"这三方面的深浅度而已。若真爱对方，何不试着改变自己，或许，那样就不大会"不合"了。再有，也只能怪自己"识人不清"。

３６岁的艾琳，最近离婚了，她忍受丈夫习惯性暴力达七年之久。有人问她为什么拖这么久，她自嘲地笑道："我一心以为他会变好，其实，婚前我就被他打过，只是，我相信自己能改变他……"这就是女人的痴心妄想，总以为爱情能融化一切。像这类的暴力，就不仅仅是个性不合，而是"个性缺陷"。

一个人的个性，会自然地流露在举手投足之间。只要稍微用一点心便不难察觉，千万别"以为"婚后对方会因你而改变。合不合，自己心里应当有数。

十、父母不可随便缺席

人世间绝大多数的事都可以重新来过，唯有孩子的成长，孩子的童年，是不能重新来过的，是绝没有第二次机会的。千万别在孩子成长及教育上缺席哪！

玉琴决定辞去电脑公司的高薪职务，回家当全职妈妈。

同事纷纷劝她"不必如此"。孩子可以请保姆带，再不，找外佣也不错，或是请奶奶、外婆帮忙都好，何必非要辞掉工作自己带呢？

"现在找工作不容易呐，一旦离开职务，想再回来，就难啊！"

"这个我知道，只是权衡轻重之下，我觉得孩子的教育比赚钱重要。孩子的成长只有一次，不能重新来过，而钱却是随时要赚都可以的。"

分娩前一个月，玉琴辞去工作，安心在家待产，愉快地迎接宝宝的出生，她要全心全意扮演好母亲的角色，陪孩子一起成长，她不要让自己的孩子重蹈自己当年的覆辙，那是一种至今无法弥补的遗憾，那看不见却永远存在于她和母亲之间的嫌隙，到今天仍不曾消失，也说不上为什么，就是和妈妈亲不起来，常常一天说不到一句话。

玉琴是江家第一个孩子，母亲在她满月后，就回公司上班，将玉琴交给住在乡下的奶奶带，直到4岁才返回台北上幼稚园。和奶奶在一起的玉琴完全不能适应台北的生活，对她而言，爸爸、妈妈、弟弟全是陌生人，她天天吵着要阿嬷，学也不肯上，没办法，只好再把她送回去。到了要上小学，父亲坚持要在台北就读，于是便将阿嬷一起接到台北来。

阿嬷虽是和玉琴在一块儿，可是玉琴在心态上老觉得自己和阿嬷是一国，爸妈和弟弟是一国，不大容易融在一起。

偶尔母亲和阿嬷发生口角，玉琴总是愤愤地指责母亲，再不就抱着阿嬷说："走！回我们家，不要住这里！"

其间阿嬷曾两次悄悄回南部，玉琴立即连夜追回去，赖着不肯回台北，阿嬷没办法，只得再带着玉琴回来。

后来母亲和阿嬷的关系改善了很多，一家人也比较融和，但是在玉琴潜意识中，阿嬷才是最爱、最亲的家人。

"我一定要自己带我的孩子，绝不假手他人，我不要在孩子的成长和教养上，做一个缺席的母亲。"

人世间绝大多数的事都可以重新来过，失败了，再开始；失去了，再建设，都不成问题。唯独孩子的成长，孩子的童年，是不能重新来过的，是绝没有第二次机会的。

别以为孩子小，谁带都一样，那就错了；根据医生指出，零岁到两岁，是塑造孩子个性、养成智慧、打好生活基础的最佳时机，大人给孩子什么，他们就吸收什么，大人怎么教，孩子就怎么学。

像目前许多家中都雇外佣带孩子，许多妈妈把教养孩子的责任托给外佣，结果成堆的问题便浮了出来……

有黄皮肤却不会说中文却满嘴发音怪异的"语言障碍者"，有只认外佣不认爹娘的，还有被惯宠得什么都不会的"生活白痴"，以及小小年纪就对人颐指气使的"小暴君"。

给你正能量

这些偏差行为，不知要花多少时间，多少努力才能纠正过来，若是父母没注意或没用心去改进，只怕会在身心上留下永远的负面影响，岂可不慎？

世间有些事是可以等一等的，也有些事是不能等的，教养孩子则是一分一秒都不能等，千万别在孩子成长及教育上缺席哪！